Kerstin Diacont

Horsemanship
Training

Müller
Rüschlikon

IMPRESSUM

Einbandgestaltung: R2 I Ravenstein, Verden

Titelfoto: Julia Jung
Bildnachweis: Alle Fotos und Zeichnungen Kerstin Diacont und Archiv
Diacont: Ruth Aschberger: S. 18,19,71,72 unten · Svenja Hofmann:
S. 85 · Julia Jung: S. 8, 27, 29, 36, 38, 39, 40, 41, 49 unten rechts, 51, 68,
69, 73, 74, 75, 76, 78 · Andrea Löffler: S. 46, 47 Mitte und unten
Jeanette Pacher: S. 4, 53, 70, 83 links oben+unten · Verena Troschke:
S. 21, 60, 90, 91, 94

ISBN 978-3-275-02058-4

Copyright © 2016 by Müller Rüschlikon Verlag
Postfach 103743, 70032 Stuttgart
Ein Unternehmen der Paul Pietsch Verlage GmbH & Co. KG
Lizenznehmer der Bucheli Verlags AG, Baarerstr. 43, CH-6304 Zug

1. Auflage 2016

Sie finden uns im Internet unter www.mueller-rueschlikon-verlag.de

Lektorat: Claudia König
Innengestaltung: Kerstin Diacont
Druck und Bindung: Graspo CZ, 76302 Zlin
Printed in Czech Republic

INHALT

Danksagung an meine Fotomodelle und Fotografen:

Karin Anders · Ruth Aschberger · Denise Barth / Finca la Maya · Anja Carus · Ella, Luna und Ines Fasig · Svenja Hofmann · Julia Jung, Pferdesportmassage · Katrin Junker, Monty Roberts-Trainerin · Andrea Löffler, Heilpraktikerin für Menschen und Tiere, www.loeffler-heilpraxis.de · Bettina Meints-Korinth · Volker Michael Menz · Annette Müller · Jeanette Pacher, Tierheilpraktikerin, www.spiritofnature.info · Ina Schubeck · Silke Strussione · Verena Troschke · Ellen Venohr · Ina und Steffi Wahrhusen · Cornelia Weidenauer, Cantienica- und Bodenarbeits-Trainerin, www.wahre-haltung.de · Yinks Weber · Hjördis Wilms und Mitglieder des RV Wackernheim

Horsemanship
Wofür soll das gut sein?

»Eigentlich will ich doch nur reiten« – diesen Satz hört man bisweilen von Reitern, die sich mit dem Thema Horsemanship und Arbeit am Boden noch nicht beschäftigt haben. Oder auch »Was soll denn die Spielerei bringen?«

Schauen wir uns einmal an, worum es beim Reiten eigentlich geht, nämlich um Kommunikation. Ein wesentliches Merkmal guter Kommunikation ist es, dass die Bedeutung gesendeter Signale vom Empfänger »richtig« verstanden wird, d.h. so, wie der Sender sie wirklich gemeint hat. Gute Kommunikation bedeutet auch nicht, dass einer immer nur zuhört (empfängt) und der andere immer nur redet (sendet). Stattdessen ist wechselseitiges **Zuhören** gefragt, dazu **Konzentration**, **Aufmerksamkeit** und **Achtsamkeit** sowie gegenseitiger **Respekt**.

Schaut man sich bei den Reitern um, so kann man sehen, dass die Kommunikation zwischen Mensch und Pferd in den meisten Fällen durchaus ausbaufähig ist. Wie schon im zwischenmenschlichen Bereich kommt es zu Missverständnissen und Unstimmigkeiten, die im Allgemeinen dem Pferd als Ungehorsam oder Aufsässigkeit ausgelegt werden. Oft sind es jedoch nur unklare Signale oder inkonsequentes Verhalten des Menschen, die dazu führen, dass das Pferd das Vertrauen in die **»Führungskompetenz«** des Reiters verliert und selbst entscheidet, was zu tun ist. Sitzt der Mensch auf dem Pferd, kann der Vertrauensverlust auf beiden Seiten zu **Angst** führen: Angst des Menschen vor Kontrollverlust und vor dem Herunterfallen; Angst des Pferdes vor Gleichgewichtsverlust (das Gleichgewicht des Pferdes ist mit dem zusätzlichen Reitergewicht

sehr viel instabiler, als oft angenommen) und in letzter Konsequenz vor dem Gefressen-Werden (auch unser domestiziertes Pferd besitzt noch seine Urängste).

Angstbewältigung in sicherer Trainings-Umgebung.

Was Situationen, in denen Angst im Spiel ist, so brisant macht, ist, dass Pferde extrem sensibel auf die Emotionen ihrer Reiter reagieren. Es reicht schon, wenn der Reiter im Hinterkopf hat: »Da vorne kommt ein Traktor, hoffentlich macht er da nix ...«, um dem Pferd zu signalisieren »Uii, mein Mensch hat Bedenken, das muss was Gefährliches sein.« Die Unsicherheiten des Menschen teilen sich dem Pferd schon über eine winzige Veränderung der Körperspannung mit und es reagiert entsprechend. Da Menschen dazu neigen, überzogen zu reagieren, wenn sie Angst haben, und vielleicht den Zügel schon mal prophylaktisch etwas fester annehmen, kann sich eine an sich harmlose Sache schnell zu einem größeren »Tänzchen« entwickeln. Der Reiter hat im Kopf »der geht mir gleich in die Luft« und das Pferd fängt dieses Gedankenbild auf und tut genau dies. Die sich selbst erfüllende Prophezeiung par excellence …

Weniger brisant, dafür jedoch auf Dauer zermürbend, sind solche unzweckmäßigen Gedankenbilder, wenn man an bestimmten Lektionen in der Bahn arbeitet und das Pferd z.B. partout nicht rückwärts gehen will.

Arbeitet man am Boden mit dem Pferd, so fallen bei beiden Partnern schon einmal die wesentlichen Ängste vor Gleichgewichtsverlust weg. Mensch und Pferd finden ohne Stress eine gemeinsame Basis der Verständigung und lernen die jeweilige Sprache des anderen besser kennen. Grundlage der Kommunikation ist dabei natürlich die Körpersprache. (Ausdrucksformen der Stimme sowie verbale Kommandos kommen später in der Feinabstimmung dazu.)

Wobei das Pferd prinzipiell schon alles verstehen kann, was der Körper ausdrückt, auch der menschliche: Pferde sind Meister im Lesen der Körpersprache. Hat der Mensch seinen Körper wirklich im Griff und weiß genau, was er erreichen will, so versteht ihn das Pferd sehr schnell. Wer einmal erlebt hat, wie gut man in Trailübungen jedes einzelne Bein des Pferdes zentimetergenau steuern kann, wenn man eine klare Zielvorstellung im Kopf hat, versteht, was ich meine. Für eine gute Steuerung am Boden brauche ich als Mensch nur eine ganz klare Idee, wann ich welches Bein des Pferdes (oder auch die Schulter oder die Hinterhand) wo hinbewegen will. So etwas ist kein Hexenwerk und lässt sich mit jedem Pferd, dessen Aufmerksamkeit man hat, erreichen.

Damit wären wir auch bei einem weiteren wesentlichen Schlüsselbegriff in der Kommunikation: der Aufmerksamkeit. Die beiden Kommunikationspartner müssen ihre Aufmerksamkeit aufeinander richten. Das Pferd darf nicht nebenbei nach einem Grashalm schielen und der Mensch schaltet am besten sein Handy aus und schwätzt auch nicht mit Zuschauern an der Bande. Fehlt es nur bei einem der beiden an Aufmerksamkeit, funktioniert die Verständigung nicht mehr präzise bzw. gar nicht.

Gemeinsames Spazierengehen funktioniert nur dann reibungslos, wenn Mensch und Pferd aufmerksam aufeinander achten.

Das gilt natürlich genauso beim Reiten. Dort ist jedoch die Verbindung enger, denn die beiden Partner sind körperlich enger (über die Zügel, das Reiterbecken und den Pferderücken) verbunden, während am Boden häufig auf Distanz und Sichtkontakt gearbeitet wird. Hören und Sehen (genaues Beobachten) ersetzen dabei weitgehend das Fühlen über den Sitz.

Konsequenz heißt nun der letzte Schlüsselbegriff. Die meisten Menschen werden mir zustimmen, wenn ich sage, dass es leichter fällt, konsequent eine positive (erwünschte) Reaktion des Pferdes einzufordern, wenn man mit beiden Beinen auf festem Boden steht und keine Angst vor dem Herunterfallen haben muss. Und, dass es vielen Pferden leichter fällt, eine Forderung des Menschen zu erfüllen, wenn er ihr Gleichgewicht nicht (unabsichtlich) stört, weil er z.B. nicht wirklich ausbalanciert sitzt.

Beziehungsklärung und Vertrauensaufbau.

Horsemanship dient in den Grundzügen vor allem der »Beziehungsklärung« und dem Vertrauensaufbau zwischen Mensch und Pferd. Grob gesagt geht es um die Frage: Wer bewegt wen? Wer führt (gibt die Richtung vor) und wer folgt? Fortgeschrittene Arbeit am Boden kann jedoch auch viel zur Gymnastizierung des Pferdes beitragen und schwierigere Lektionen unter dem Sattel vorbereiten. Langzügelarbeit und Freiheitsdressur können sich anschließen, sprengen jedoch den Rahmen dieses Einführungsbuches.

Die Übungen in diesem Buch sind Basisübungen: Vorwärts, Rückwärts, Seitwärts sowie Tempokontrolle und sicheres Anhalten aus allen Lebenslagen.
An vielen Stellen werden Anregungen gegeben, wie man die Ergebnisse und Prinzipien der Bodenarbeit aufs Reiten übertragen kann. Immer mit dem Ziel: leichtere Kontrolle, feinere Kommunikation, weniger Kraft und mehr Harmonie.

In diesem Sinne wünsche ich viel Erfolg beim Durcharbeiten des Büchleins und den einen oder anderen Aha-Effekt. Klappt etwas nicht, so machen Sie nicht das Pferd dafür verantwortlich (das ist es in den seltensten Fällen). Und werfen Sie auch möglichst nicht gleich das Buch auf den Müll, sondern überprüfen Ihre Gedanken und Ihre Körpersprache (oder besser lassen sie überprüfen, denn man kann sich schlecht selbst beobachten).

Zusammenfassung: Was Horsemanship bewirkt

- Der Mensch lernt, das Verhalten des Pferdes besser einzuschätzen und zu verstehen.
- Das Pferd bekommt Vertrauen in die Forderungen des Menschen und stellt die Führungsrolle des Menschen nicht in Frage.
- Bessere Wahrnehmung, mehr Sensibilität, Aufmerksamkeit und Achtsamkeit auf beiden Seiten.
- Bessere Kommunikation, feinere Hilfen, bessere Erziehung.
- Angstbewältigung und Vertrauensaufbau vor dem eigentlichen Reiten.

Grundsätzliches

Pferd plus Mensch als geschlossenes System in Bewegung

In meinen Büchern über das Reiten habe ich den Energiekreis eingeführt, in dem ich Reiter und Pferd als geschlossenes System in Bewegung betrachte, bei dem jede Aktion von Reiter oder Pferd an beliebiger Stelle immer das ganze System beeinflusst. Das gleiche gilt für die Arbeit am Boden für Mensch und Pferd.

Das Gesetz der Einfachheit · Ein Bild sagt mehr als tausend Worte

... und es ist schneller umzusetzen!
Je einfacher und unkomplizierter, umso besser. Deswegen verwenden wir Bildersprache in unseren Gedanken statt langatmige verbale Anweisungen. So trainieren wir uns schnelle Reflexe an: Wir lernen die Langform einer Handlungsanweisung und fassen diese dann zu Bild-Kürzeln zu-

sammen. Diese vereinfachenden bildhaften Kürzel sind im Umgang mit Pferden extrem wichtig, weil wir andernfalls immer zu langsam reagieren würden.

Nachfolgend einige wesentliche Kriterien für einfaches und reaktionsschnelles Handeln:

1. Reduzieren · sich auf das Wesentliche konzentrieren

Am einfachsten erreicht man Einfachheit durch bewusstes Weglassen von allem Unwichtigen. Hier gilt: **Weniger ist mehr.** Sparsame und klare Bewegungen sind im Umgang mit dem Pferd angesagt. Das gilt am Boden und im Sattel. Je mehr Sie selbst tun, umso weniger können Sie dem Pferd zuhören, bzw. die Reaktionen des Pferdes beobachten.

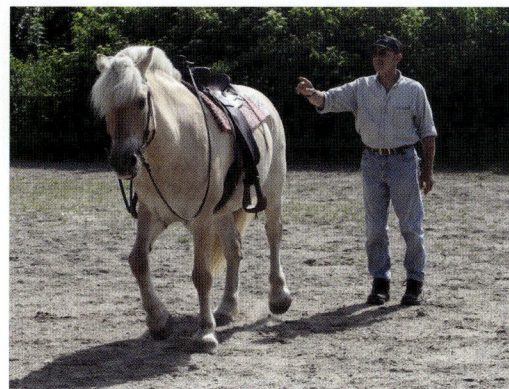

Die Ohrenausrichtung zeigt die auf den Menschen gerichtete Aufmerksamkeit.

2. Organisieren, Strukturieren und »Handlungs-Kürzel« erzeugen

Ein komplexes System aus vielen Teilen erscheint einfacher, wenn die Teile in sinnvolle Kategorien aufgeteilt sind. Wenn wir etwas in den richtigen Kontext stellen und es mit schon Bekanntem vergleichen, fällt es uns meist leichter, es zu verstehen. Die Techniken des mentalen Trainings können uns dabei helfen, aus einer langatmigen verbalen Handlungsanweisung ein Kürzel zu erzeugen, das im Bedarfsfall schnell abgerufen werden kann.

3. Zielgerichtet und konzentriert handeln, Ablenkungen ausblenden

Das spart Zeit und Nerven.

4. Lernen · Wissen erwerben, Zusammenhänge verstehen

Je größer das Vorwissen, desto einfacher und logischer erscheinen die Dinge – vorausgesetzt man strukturiert es gut, denn alles Wissen nützt nichts, wenn man es im Bedarfsfall nicht parat hat und nicht anwenden kann.

5. Selbstvertrauen · den eigenen Fähigkeiten vertrauen

Wenn wir etwas wirklich auf allen Ebenen (geistig, emotional und körperlich) begriffen haben und für richtig halten, erscheint uns das »Tun« einfach und folgerichtig und wir können unseren eigenen Fähigkeiten vertrauen.

6. Gewohnheiten erkennen und ggfs. ändern

Und noch ein Wort zum »körperlichen Verstehen«: Das Gedächtnis sitzt nicht nur im Kopf; auch der Körper hat ein Bewegungs-Gedächtnis und führt einmal erlernte Handlungen oft aus, ohne dass der Kopf bewusst eingeschaltet wird (bestes Beispiel ist das Autofahren). Das sind unsere Gewohnheiten. Diese sind bequem, da wir eben unser Gehirn nicht einschalten müssen, aber sie sind nicht immer zweckdienlich.

»Das haben wir immer schon so gemacht« – dieser Satz ist gefährlich, denn er hindert uns am

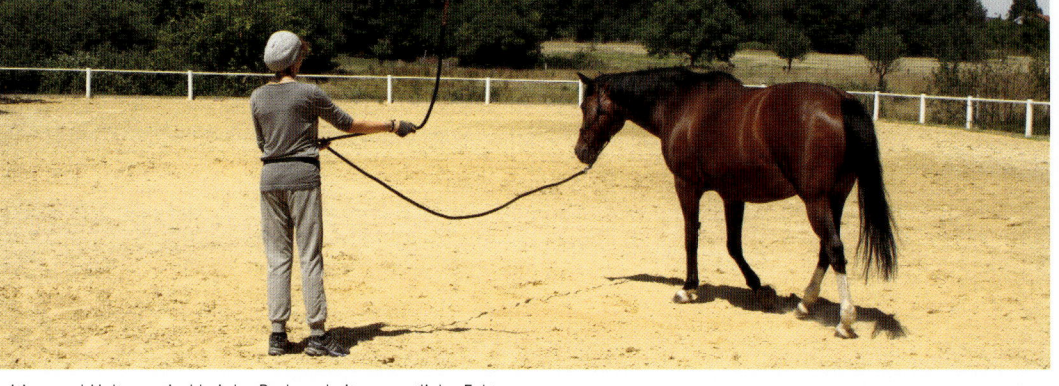

Position und Haltung sind bei der Bodenarbeit wesentliche Faktoren.

Weiterlernen bzw. am Umlernen. Sieht man, wie schlecht Körperwusstsein und Haltung oft schon bei Jugendlichen und erst recht bei Erwachsenen im mittleren Alter ausgeprägt sind, so ist es dringend erforderlich, diese schlechte Angewohnheit (nämlich eine krumme Körperhaltung) abzulegen und sich eine bessere anzugewöhnen. Unsere Pferde werden auf einen (selbst-)bewussteren Einsatz des Körpers sofort positiv reagieren, weil wir damit klarer im Ausdruck werden.

7. Emotionaler Mehrwert

Wenn es um Gefühle geht, ist mehr oft besser als weniger. Hinterlegen Sie (erwünschte) Handlungen bzw. Kürzel mit Emotionen und erinnern Sie sich, wie gut Sie sich mit dieser oder jener Aktion gefühlt haben. Mit diesen Hinterlegungen lassen sich auch »schlechte« Gewohnheiten besser ablegen.

8. Fehler zulassen

Akzeptieren Sie, dass sich nicht alles zu jeder Zeit vereinfachen lässt und dass bisweilen etwas nicht funktioniert. Und bleiben Sie entspannt. Analysieren Sie hinterher, warum es nicht geklappt hat,

und legen Sie sich für eine ähnliche Situation im Geiste einen Handlungsplan zurecht. Machen Sie es einfach beim nächsten Mal anders und besser und betrachten Sie den Fehler als Möglichkeit, dazuzulernen.

Ist die Arbeit am Boden einfacher als die vom Sattel aus?

Ja und nein ...
Wie schon erwähnt, kommt der Angstfaktor bei der Bodenarbeit nicht so ausgeprägt zum Vorschein. Andererseits ist es am Boden genauso wichtig wie im Sattel, die eigene Körpersprache präzise und kontrolliert einzusetzen. Das Gefühl für die Veränderung in der Körperspannung des Pferdes, welches man automatisch hat, wenn man draufsitzt, muss am Boden durch noch feineres Beobachten des Pferdes ersetzt werden. Nur dann kann man schnell eingreifen, wenn das Pferd unerwünschte Handlungen ankündigt. Am Boden wie im Sattel gilt: Fragen Sie sich immer im Vorfeld, was Sie dem Pferd und sich selbst zum aktuellen Stand der Ausbildung zumuten können. Ein untrainiertes Pferd in einer kleinen

Volte um sich herumgaloppieren zu lassen, wird nicht funktionieren: Das Pferd kann es einfach körperlich noch nicht.

Richtig und falsch – eine Frage des Standpunkts

Die Begriffe richtig und falsch sind bei Pferden prinzipiell immer nur in Bezug zum Menschen zu sehen. Man sollte sie modifizieren und eher sagen »unerwünscht oder erwünscht in der Zusammenarbeit mit dem Menschen«. Es gilt: Das Pferd macht keine Fehler. Es reagiert in seinem Bezugssystem immer richtig. Wenn es erschrickt und eine 180-Grad-Wendung macht, um davonzulaufen, dann ist das in seiner Erfahrungswelt eine Strategie, um Schaden zu vermeiden, denn das, wovor es erschrickt, könnte sein Leben bedrohen. Für den Menschen kann das jedoch bedeuten, dass er herunterfällt und Schaden nimmt. Er sollte bestrebt sein, dem Pferd solche Schreckreflexe abzugewöhnen und ihm klarmachen, dass ihm in Gesellschaft des Menschen nichts geschehen kann. Horsemanship ist ein guter Ansatz, um solche unerwünschten Reflexe abzutrainieren.

Persönlichkeitsrechte

Pferde sind ausgeprägte eigenständige (und auch oft eigenwillige) Persönlichkeiten mit individuell sehr unterschiedlichem Charakter. Es gibt ängstliche, vertrauensselige, mutige, ausgeglichene, nervöse, sensible oder phlegmatische; solche, die schnell lernen und andere, die etwas länger brauchen. Alle menschlichen Eigenschaften gibt es auch beim Pferd.

Diese Individualität muss in der Zusammenarbeit mit dem Pferd berücksichtigt werden. Deswegen sind starre Ausbildungsregeln in den seltensten Fällen hilfreich.

Gute Zusammenarbeit funktioniert nur, wenn beide Partner einen Vorteil von der Zusammenarbeit haben, wenn sie sich miteinander wohlfühlen und bereit sind, dem jeweils anderen zuzuhören, d.h. Aufmerksamkeit zu schenken. Ein respektvoller Umgang miteinander ist angesagt, damit die »Persönlichkeitsrechte« von Pferd und Mensch bewahrt werden.

Respekt vor dem Pferd und Verständnis für seine Bedürfnisse

Menschen möchten mit dem Pferd ihre Freizeit verbringen. Weil sie einen Ausgleich zum bewegungsreduzierten und naturfernen Büroalltag suchen; weil sie den Kopf frei vom Arbeitsstress bekommen wollen; bisweilen auch, weil sie sportliche Erfolge mit ihrem Partner Pferd erringen wollen.

Alles gute Gründe, aber was hat das Pferd davon? Es muss sich nicht ums Überleben kümmern, hat immer genug zu fressen und ein Dach über dem Kopf, mögen Sie nun einwenden, dafür kann es ruhig ein wenig Dienst als Reitpferd tun ...

Im Prinzip ja, aber ...

Haben wir uns einmal gefragt, ob die Pferde freiwillig mit uns zusammenarbeiten würden, wenn sie eine Alternative hätten? Wir kaufen sie und verkaufen sie wieder, wenn die Zusammenarbeit nicht klappt. Sie können sich unseren Wünschen und Forderungen nicht wirklich entziehen, selbst wenn sie das bisweilen versuchen und sich z.B. auf der Koppel nicht einfangen lassen oder unter dem Reiter »Dienst nach Vorschrift« machen.

Auch, wenn viele Reiter ihre Pferde ins Herz geschlossen haben, fehlt ihnen doch oft das Verständnis für die Bedürfnisse des Herdentieres, die über Futter und Wasser hinausgehen. Da werden Pferde 23 Stunden in der Box gehalten, um dann mal ein Stündchen trainiert zu werden. In der Natur ist das Pferd 16 Stunden am Tag in Bewegung und nimmt ständig geringe Mengen an Gräsern auf. (Das Pferd ist ein Dauerfresser). So genannte Sportpferde werden 2- bis 3-mal am Tag mit Kraftfutter vollgestopft und bekommen bisweilen nicht ausreichend Heu zu fressen, weil sie ja einen Heubauch bekommen könnten. Das Verdauungssystem ist jedoch nicht auf eine solche Art der Fütterung ausgelegt, und nicht wenige Sportpferde haben Magengeschwüre, zu denen auch so manche Trainingsmethode beiträgt, bei der das Pferd unter Stress steht.

Auf der anderen Seite werden Pferde verhätschelt, geschoren und eingedeckt, vor Zugluft, Regen und Kälte geschützt und aus Angst vor Verletzungen nicht in die Herde gestellt. Auch das ist der Gesundheit und der Psyche des Pferdes nicht zuträglich. Atemwegskrankheiten, Verdauungsbeschwerden, Sehnenprobleme und Verhaltensstörungen sind die Folge missverstandener Pferdeliebe.

Als »Pferdemenschen« sollten wir uns darüber im Klaren sein, dass es unsere moralische Pflicht ist, dem Lebewesen Pferd, das uns auf Gedeih und Verderb ausgeliefert ist, ein artgerechtes Leben zu ermöglichen. Dafür müssen wir uns mit seinen natürlichen Lebensumständen und Bedürfnissen beschäftigen und dürfen es nicht vermenschlichen. Und da Pferde von Natur aus neugierig, sozial und gutmütig sind, werden sie dann tatsächlich freiwillig und gern mit uns zusammenarbeiten – auch dann, wenn wir nicht immer alles »richtig« machen. Fehler machen wir ständig: im Umgang mit dem Pferd und auch mit anderen Menschen; das lässt sich nicht vermeiden. Schlimm ist jedoch, fünf Mal den gleichen Fehler

zu machen, weil wir nichts aus dem ersten gelernt haben.

Sich in die Lage des Pferdes versetzen, sein Verhalten verstehen lernen

Auch im Training fehlt es oft am Verständnis für die Bedürfnisse des Pferdes. Egal, ob am Boden oder unter dem Sattel: Viele Menschen können sich nicht vorstellen, mit welchen Schwierigkeiten (und Ängsten) das Pferd als Reitpferd bisweilen zu kämpfen hat.

Um das Pferd auf seine »tragende Rolle« unter dem Sattel vorzubereiten, ist Horsemanship wunderbar geeignet. Früher beschränkte man sich auf das Longieren, um dem Pferd schon ohne das »störende« Reitergewicht eine später unter dem Reiter zweckdienliche Haltung beizubringen. Und oft wurde das Pferd leider schon an der Longe mit Hilfszügeln »verschnürt« und in eine Form gepresst, die es ungymnastiziert noch nicht halten konnte. Beginnt man jedoch mit den Vertrauen bildenden und Gehorsam fördernden Horsemanship-Übungen, so ergibt sich die Arbeit am längeren Seil bzw. an der Longe fast von allein. In den Basisübungen »Führen« und »Ausweichen lassen« (siehe Übungsteil) raufen sich Pferd und Mensch zusammen und lernen, aufmerksam aufeinander zu achten.

Angstüberwindung

Arbeiten auf Distanz · Freiräume lassen und fordern · das Pferd in eine entspannte Grundhaltung bringen

Obwohl das Pferd ein Herdentier und kein Einzelgänger ist, braucht es persönlichen Freiraum, um frei beweglich, d.h. notfalls fluchtbereit zu sein.

Das müssen Sie bei der Arbeit beachten – insbesondere, wenn Sie an der Angstbewältigung arbeiten, – wenn Sie panische Reaktionen des Pferdes und damit unkontrollierbare Situationen verhindern wollen.

Die Alarmhaltung.

Zudem sollten Sie die **Alarmstellung** des Pferdes erkennen: Das Heben von Kopf und Hals versetzt das Pferd in Fluchtbereitschaft: Es verschafft sich mit aufgerissenen Augen, gespitzten Ohren und erhobenem Kopf einen Überblick. Es entlastet die Vorhand und spannt sich, um schnell in jede Richtung »durchstarten« zu können.

Daraus ergeben sich nun drei Grundforderungen für die Arbeit an der Hand (und auch unter dem Sattel):

1. Veranlassen Sie das Pferd, Kopf und Hals zu senken.

Nur dann kann es seine Aufmerksamkeit auf Ihre Wünsche richten, denn dann ist es nicht mehr alarmiert und fluchtbereit, sondern hat Vertrauen in den Schutz, den Sie ihm bieten.

2. Lassen Sie dem Pferd Entscheidungsmöglichkeiten und einen Ausweg bzw. Fluchtweg.

Machen Sie dem Pferd alle Wege, die sich nicht mit Ihren Wünschen decken, unbequem.

Ein einfaches Beispiel: Sie wollen, dass das Pferd seitwärts nach rechts ausweicht: »Ärgern« Sie dazu das Pferd auf der linken Seite, indem Sie es mit dem in Kapitel Ausrüstung beschriebenen kreisenden Seil an Hinterhand und Rippen berühren. Verhindern Sie eine Vorwärtsbewegung durch wiederholtes Rucken am Halfter. Kurz: Machen Sie alle Richtungen (vorwärts, rückwärts, seitwärts links sowie das Stehenbleiben auf der Stelle) unangenehm für das Pferd. Prinzipiell kann sich das Pferd auch für eine der unangenehmen Richtungen entscheiden. (Sie haben es ja nicht festgebunden.) Es hat prinzipiell viele Auswege. Das Ausweichen nach rechts ist in diesem Fall aber die einzig bequeme Lösung - jeden Schritt seitwärts nach rechts belohnen Sie durch sofortiges In-Ruhe-Lassen. Alle anderen Richtungen machen Sie durch Störaktionen weiterhin unattraktiv. Sie sind zwar eine Alternative für das Pferd, jedoch keine angenehme. Es entscheidet sich schließlich für den von Ihnen gewünschten Weg.

Freiwillig

Besonders effektiv ist diese Art der Arbeit, weil das Pferd schließlich meint, sich aus eigenem Antrieb für die von Ihnen gewünschte Richtung entschieden zu haben. Es ist ein Schritt in Richtung freiwilliger Mitarbeit durch Verzicht auf sichtbaren Druck zugunsten der »psychologischen Kriegsführung«. Gerade bei starken Pferdepersönlichkeiten ist dies eine gute Methode, keine Widersetzlichkeiten aufgrund von zu deutlichen Zwangsmaßnahmen zu provozieren.

3. Arbeiten Sie auf Distanz

Bedrängen Sie das Pferd nicht mit dem eigenen Körper.

Dirigieren Sie das Pferd in eine Richtung, vor der es deutlich Angst hat, und sind z.B. in einer Engstelle alle Ausweichmöglichkeiten von vornherein blockiert, so vermeiden Sie auf jeden Fall, zu dicht an das Pferd heranzugehen (siehe Übungsteil). Damit verhindern Sie, dass das Pferd als letzten Ausweg nur noch die Möglichkeit sieht, Sie umzurennen, um der Situation zu entkommen. Bei solchen Panikreaktionen ist die Verletzungsgefahr für Pferd und Mensch sehr groß.

Ein Abstand von etwa einem Meter sollte meist genügen, damit sich das Pferd nicht bedrängt fühlt. Sein nötiger Freiraum ist gewahrt. Zwar kann sich die Übung eine Weile hinziehen, bis sich das Pferd entscheidet, in die gewünschte, »gefährliche« Richtung auszuweichen, aber es wird nicht versuchen, »durch die Wand zu gehen«, weil es sich nicht bedroht oder eingezwängt fühlt.

Angst erzeugende Übungen, bei denen sich das Pferd schließlich (fast) aus eigenem Antrieb für die gewünschte Richtung entscheidet, weil es zu seinem natürlichen Verhalten gehört, den Forderungen des Ranghöheren Folge zu leisten, sind ungemein vertrauensbildend.

Das Pferd merkt schnell, dass alles, was Sie als Vertrauensperson verlangen, ungefährlich ist, und wird Ihnen zunehmend mehr Vertrauen schenken, was wiederum Ihre Position stärkt.

Angstüberwindung durch Abhärten

Das Abhärten ist die Fortführung der Maxime: in eine entspannte Grundhaltung bringen. Das Pferd wird bewusst Angst erzeugenden Situationen augesetzt; es darf sich dabei aufregen und wir bringen es durch eigenes »Ruhig-Bleiben« schließlich dazu, dass es wieder ruhig wird und den Kopf

Arbeiten auf Distanz: Freiräume lassen und das Pferd auf sparsame Signale sensibilisieren.

Belohnung durch Entspannung. Das Pferd in eine entspannte Grundhaltung bringen.

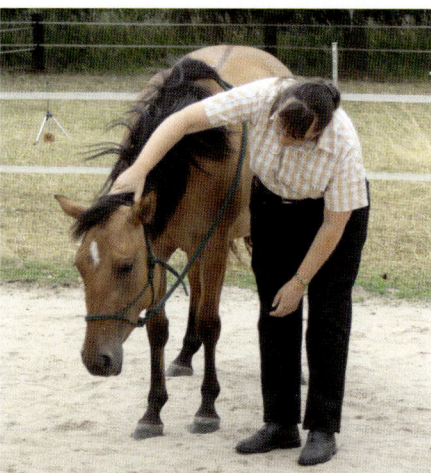

senkt. Das Aussacken, das die Westerneiter mit jungen Pferden machen, ist so eine Übung (siehe Übungsteil).

Positive und negative Verstärkung

Lernen kann das Pferd sowohl durch negative als auch durch positive Verstärkung. Die Worte negativ und positiv haben hier keine wertende Funktion. Die oben beschriebene Methode, dem Pferd Unerwünschtes unbequem zu machen, und es durch Aufhören des negativen Reizes zu belohnen, ist die Methode der negativen Verstärkung. Bei der positiven Verstärkung braucht es etwas mehr Geduld. Wir beobachten das Pferd sehr genau in seinen Reaktionen, warten, bis es etwas anbietet, was wir haben wollen, und belohnen diese Aktion dann mit Streicheln, lobenden Worten oder Futter. Dazu etablieren wir ein verbales Kommando. Im Clickertraining wird z.B. mit positiver Verstärkung gearbeitet.
Der Erfolg beider Methoden ist abhängig vom »richtigen Belohnen«.

Richtig belohnen und das Richtige belohnen

Klingt erst einmal »doppelt gemoppelt«, sind aber tatsächlich zwei unterschiedliche Dinge.

Das Erste bezieht sich auf die Art der Belohnung

Pferdegerechte Belohnungen sind z.B.

1. Kleine Leckerbissen für erwünschtes Verhalten

Diese Art der Belohnung ist auch für den Laien nachvollziehbar. Wie wir noch sehen werden, gibt es jedoch andere Formen der Belohnung, die effektiver sein können.

Das Füttern des Pferdes zur Belohnung ist ein durchaus legitimes Hilfsmittel. Es birgt jedoch bei manchen Pferden die Gefahr, dass sie sehr aufdringlich werden. Verabreichen Sie Leckerbissen sehr gezielt und nur für besondere Leistung. Lassen Sie das Pferd auf keinen Fall mit der Nase in Ihren Taschen nach Leckerlis stöbern. Es darf seine Belohnung nicht selbst fordern.
Zudem müssen Sie weitere Belohnungsarten etablieren, denn Sie können sich nicht immer Mengen von Leckerlis in die Tasche stecken.

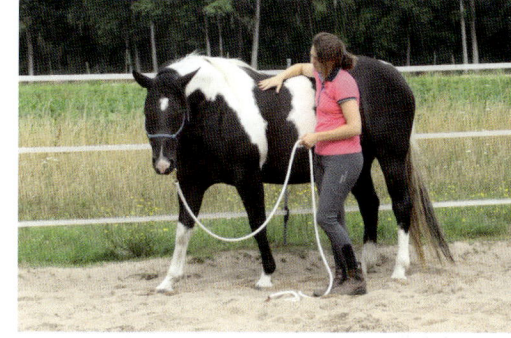

Belohnung: Geben Sie dem Pferd Zeit zum Verarbeiten der Übung.

2. Ruhepausen · Entspannung · Erleichterung · Steigerung des Selbstbewusstseins.

Angemessen lange Ruhepausen sind eine sehr sinnvolle Belohnung. Nach einer schwierigen oder angstbesetzten Lektion lassen Sie das Pferd einfach eine Weile ruhig stehen, damit es das Geschehene verarbeiten kann. Diese Pause gibt dem Pferd Gelegenheit, sich nach einer »spannenden« Übung zu entspannen. Diese Entspannung ist sehr wichtig für sein Wohlbefinden. Oft beginnen die Pferde dann zu kauen: ein deutliches Zeichen, dass die Rädchen im Gehirn rattern.
Es gilt: Entspannung = Wohlbefinden = Belohnung.

Wenn das Pferd eine Übung absolviert hat, vor der es große Angst hatte, so empfindet es nach dieser Lektion neben der Entspannung auch Erleichterung ähnlich einem Menschen, der seine Angst vor einer bestimmten Situation überwunden hat. Etwas »trotzdem zu tun« und damit erfolgreich zu sein, steigert zudem das Selbstwertgefühl – sowohl des Menschen als auch des Pferdes.

3. Sicherheit vermitteln

Die Ruhe des Ausbilders in jeder Situation gibt dem Pferd das Gefühl, dass ihm nichts passieren kann. Hektisches Herumschreien oder unnötige, abrupte Bewegungen verunsichern das Pferd genauso wie übertriebenes Tätscheln und Um-das-Pferd-Herumwuseln nach einer beendeten Übung. All diese Signale zeigen nämlich dem Pferd, dass die Situation seinem »Chef« selbst nicht geheuer ist.

Beschränken Sie sich während einer Übung auf die unbedingt nötigen Bewegungen und Signale und versuchen Sie wirklich souverän und ruhig zu bleiben. Sind Sie selbst unsicher und ängstlich, zeigt sich das dem Pferd in jeder Ihrer Bewegungen und in Ihrer Stimmlage.

Belohnen Sie das Pferd nach einer erfolgreich beendeten Übung, wie schwer sie auch immer gewesen sein mag, indem Sie ruhig stehen, dem Pferd über Stirn und Nase streichen und es dann kurz zum Nachdenken (das Pferd macht dabei Kaubewegungen) sich selbst überlassen.

4. Beruhigende Stimme

Dieses Hilfsmittel ist sicher den meisten hinreichend bekannt. Pferde reagieren sehr empfindlich auf die Stimme – vor allem auf die Stimmlage, die Emotionen des Sprechers transportiert. Leises Zureden mit tiefer Stimme und langgezogenen dunklen Lauten, wie O, U und A empfinden sie als angenehm und beruhigend.

5. Angenehmes arttypisches Verhalten imitieren

Legen Sie dem Pferd den Arm über den Hals, so imitieren Sie das Verhalten einer Pferdemutter, die ihr Fohlen schützt. Mein Wallach Calvados steckt z.B. immer die Nase bei mir in die Armbeuge und lässt sich mit der anderen Hand die Stirn kraulen. So kann er minutenlang stehen bleiben, wenn er entspannt ist.

Weitere arttypische Liebkosungen sind: das »Anpusten« des Pferdes an den Hals oder in die Nüstern, das Imitieren der Fellpflege durch festeres Kraulen des Pferdes am Mähnenkamm in Widerristnähe oder des Kraulen hinter oder zwischen den Ohren.

Merken Sie während der Arbeit, dass es das Pferd irgendwo juckt, so können Sie es an der Stelle kratzen oder eine Mücke verscheuchen.

Jedes Pferd hat jedoch andere Stellen, an denen es besonders gern gestreichelt oder gekrault wird. Diese Stellen gilt es herauszufinden.

Das Zweite meint: genau zum richtigen Zeitpunkt zu belohnen,
nämlich dann, wenn das Pferd »die richtigen Schlüsse« gezogen hat.

Oft sieht man, dass Pferde getätschelt und gestreichelt werden, wenn sie sich aufregen – in der meist irrigen Annahme, dass man sie damit zur Ruhe bringen könnte. Sinnvoller ist es, einfach souverän abzuwarten, bis das Pferd sich wieder beruhigt und es dann zu belohnen. Es wird also das Zur-Ruhe-Kommen belohnt und nicht das Aufregen. Das ist natürlich so eine Sache, wenn man als Reiter auf einem Pulverfass sitzt, dabei ruhig zu bleiben. Und genau hier kommt Horsemanship ins Spiel. Man trainiert dieses »Aufregen« und wieder »Beruhigen« am Boden, wenn man keine Angst vor dem Herunterfallen haben muss. Man härtet das Pferd ab, bevor man sich draufsetzt.

Wissen, was man dem Pferd zumuten kann · rechtzeitig aufhören

Oft ist es nicht so wichtig, was genau man tut, sondern vielmehr, wann man damit aufhört, etwas zu tun. (Übungen nicht zu spät – oder zu früh – beenden.) Überfordert man das Pferd mit einer zu schwierigen Übung oder bricht man Übungen an der falschen Stelle ab, so zieht das Pferd falsche, das heißt unerwünschte Schlüsse (siehe oben). Es bildet falsche Verknüpfungen wenn – dann …

Bisweilen ist das Pferd anderer Meinung. Das ist nicht weiter schlimm. Bleiben Sie ruhig, wenn etwas nicht klappt. Damit beeindrucken Sie Ihr Pferd.

Freundlichkeit · Höflichkeit · Selbstbeherrschung

freundlich fragen, nicht aggressiv fordern …
Pferde sind extrem sensibel. Sowohl körperlich als auch psychisch. Überfallen Sie also das Pferd nicht mit Ihren Signalen, sondern beginnen Sie

mit einem »Flüstern«, nicht mit einem »Schreien«. Wer schreit hat unrecht – oder er hat Bedenken, dass er ignoriert wird. Das gilt für Stimme und Körpersprache gleichermaßen. Souveräne Menschen sprechen eher leise (aber deutlich) und setzen auch ihre Körpersprache dezent ein. Wildes Herumgefuchtel zeigt Unsicherheit. Wie bei Pferden auch: Zappelige Pferde wissen nicht so recht wohin mit ihrer nervösen Energie.

Autorität, Erziehung

Eine lasche Erziehung des Pferdes, bei dem der Mensch hin und wieder nachgibt und im Geiste sagt »ach, das arme Pferd hat Angst, lassen wir es lieber in Ruhe«, nimmt dem Pferd das Vertrauen. Ein Ausbilder, der bei der grundsätzlichen Erziehung des Pferdes Fehler macht, muss später (auch beim Reiten) viel öfter Druck ausüben, um sein Pferd zu kontrollieren, weil es keinen Respekt und deswegen auch kein Vertrauen zu ihm hat und in der Folge seine Wünsche und Signale immer wieder in Frage stellen wird.
Eine »strenge« Erziehung bedeutet nun auf keinen Fall Brutalität gegenüber dem Pferd, sondern immer nur ruhige, beherrschte Unnachgiebigkeit, eine Art von lächelnder Sturheit seitens des Menschen nach dem Motto: »Lass dir Zeit, soviel du willst – am Ende machst du doch das, was du sollst.«

Was tun, wenn es nicht funktioniert?

Bisweilen wird es sich nicht vermeiden lassen, das Pferd zurechtzuweisen, wenn es seine Kompetenzen überschreitet. In manchen Situationen muss klar sein: Bis hierher und nicht weiter. Deswegen kommen wir hier zum Thema »verständliche Strafen« bzw. »Ermahnungen«.

1. Laute Stimme

Sensiblen Pferden reicht als Ermahnung das Erheben der Stimme und das Verwenden von kurzen, harten Lautfolgen, wie ein knappes »Nein« – oder in der Verstärkung ein Anschreien. Hüten Sie sich jedoch davor, Ihr Pferd dauernd anzuschreien. Das Pferd stumpft ab oder schottet sich gegen die dauernde »Lärmbelästigung« ab. Jeder halbwegs empfindsame Mensch kann sich nur unbehaglich fühlen, wenn er mit anhören muss, wie dauernd herumgebrüllt wird – meist ja nicht nur mit dem Pferd, sondern auch mit Reitschülern oder Mitreitern.

2. Körpersprache

Eine drohende Haltung, vermehrtes Aufrichten, deutliche Gesten mit erhobenen Armen und eine gezielte Bewegungsrichtung strafen das Pferd zwar nicht direkt. Sie flößen ihm jedoch Respekt ein – was oft schon genügt, um ein unerwünschtes Verhalten zu unterbinden.

3. Klaps mit Gerte oder Peitsche

Gerte und Peitsche können notfalls als Strafe eingesetzt werden. Tun Sie es jedoch nur selten, denn in erster Funktion sollen sie der Hilfengebung als verlängerter Arm des Menschen dienen. Hat das Pferd Angst vor diesen Hilfsmitteln, so wird es versuchen, vor ihnen davonzulaufen. Die Möglichkeit, sie gezielt als Hilfe einzusetzen, entfällt damit. Strafe mit Gerte oder Peitsche meint ein Anschnicken des Pferdes mit der Peitschenschnur oder einen kurzen, gezielten, Klaps – auf keinen Fall aber ein Verprügeln des Pferdes durch mehrere aufeinander folgende harte Schläge. Im Übrigen: Auch der richtige, gezielte Schlag mit der Peitsche will gelernt sein (mehr dazu im Abschnitt zum Umgang mit den Hilfsmitteln auf Seite 26).

4. Ruck am Halfter

Strafe soll unangenehm sein. Zerren Sie dem Pferd am Kopf herum, so ist dies sicherlich unangenehm. Als Strafe können kurze, harte Rucks auf die Nase bzw. das Genick des Pferdes dienen, wenn es z.B. vorwärtsstürmt. Wie bei den Peitschenstrafen gilt jedoch: Rucken Sie nicht dauernd am Kopf des Pferdes herum, denn es stumpft dabei auf dieses Signal ab. Auf keinen Fall darf das Rucken in dauerndes Ziehen ausarten, denn dabei veranstalten Sie schnell ein Tauziehen mit dem Pferd, das Sie aufgrund Ihrer geringeren Körperkräfte nur verlieren können. Es gibt andere Situationen, bei denen ein moderates Ziehen in Form von sich langsam aufbauendem Druck auf das Genick des Pferdes sinnvoll ist – als Strafe hat es jedoch keinen Sinn.

Beharren Sie auf Ihrer Forderung. Bleiben Sie emotionslos. Und halten Sie Sicherheitsabstand.

5. Imitation artspezifischer Strafen

Betrachten Sie eine Pferdeherde und sehen, wie ein ranghohes Tier das rangniedere in seine Schranken verweist, manchmal auch scheinbar grundlos »schikaniert«, so können Sie sich bedenkenlos einiges davon abschauen. Ein Huftritt ist leicht durch einen Fußtritt zu imitieren – ein Biss durch ein Knuffen mit dem Ellbogen. Dem Laien werden solche Strafen immer recht roh vorkommen. Das Pferd jedoch wird sie hervorragend einordnen können, entlehnt man sie doch direkt aus der Herdenkommunikation. Wie alle anderen Strafen sollten Sie sie selten anwenden – einen Knuff mit dem Ellbogen an den Hals oder an die Schulter, wenn das Pferd beim Führen gegen den Menschen drängelt. Oder ein »Anpiken« mit dem Peitschengriff in die Rippen oder an die Hinter-

Bleiben Sie ruhig, auch wenn das Pferd wild um Sie herumhopst. Und belohnen Sie es, wenn es wieder »vernünftig« ist.

hand, wenn es versucht, Sie zu treten oder zu beißen oder auf die Aufforderung, zur Seite zu treten, durch aufsässiges Gegendrängen reagiert.

Wann sind Strafen notwendig?

Eine Zurechtweisung zur rechten Zeit zeigt dem Pferd seine Grenzen. Versäumen Sie, das Pferd rechtzeitig in seine Schranken zu verweisen, so brauchen Sie später sehr viel härtere Maßnahmen, um es unter Kontrolle zu halten. Ein Pferd, welches Sie nicht kontrollieren können, wird jedoch zu einer Gefahr. Nun sind die meisten Pferde sehr gutmütig und verzeihen viele Erziehungs-Fehler des Menschen. Pferde mit sehr starker Persönlichkeit werden durch erst nachlässiges und später gezwungenermaßen zu hartes Verhalten des Ausbilders jedoch manchmal zu dem, was man landläufig »Verbrecher« nennt. Sie haben erst gelernt, dass sie der Ranghöhere in der Mensch-Pferd-Beziehung sind, weil ihnen nicht sofort Grenzen gesetzt wurden, und kämpfen später um diesen Rang.

Ein Pferd kann man nicht antiautoritär erziehen – das entspricht nicht seiner Natur.

Emotionslos

Eine richtige Strafe soll immer emotionsfrei sein. Wenn Sie sich über das Pferd ärgern und es aus dem Ärger heraus strafen, wird die Strafe immer zu hart und damit ungerecht ausfallen. Es ist natürlich manchmal schwierig, sich vom Pferd nicht ärgern zu lassen. Genau dies zeichnet jedoch einen guten Ausbilder aus – das schnelle Erkennen eines Ungehorsams, mit sofortiger, adäquater Reaktion, jedoch ohne sich groß darüber aufzuregen. Eine gewisse lächelnde Nachsicht mit dem »Schüler« Pferd ist die beste Gesinnung, um für das Pferd verständlich und gerecht zu reagieren. Ein jähzorniger, unbeherrschter Mensch mit völlig übersteigerten Reaktionen dagegen bleibt am besten ganz von Pferden weg. Wer sich selbst nicht unter Kontrolle hat, sollte nicht denken, mit Pferden vernünftig umgehen bzw. sie erziehen zu können.

Fassen wir zusammen: Effektive Strafen erfolgen sofort, sind gerecht (dem »Vergehen« des Pferdes angemessen) und emotionsfrei.

Reflexhandlungen und antrainierte Reflexe

Es gibt Situationen, in denen Ihnen kaum Zeit bleibt, bewusst zu reagieren. Sie werden unter Umständen hin und wieder aus einem Reflex heraus handeln. Eine solche »Reflexhandlung« kann durchaus zweckdienlich sein, wenn der richtige Reflex »antrainiert« wurde, denn sie kommt unverzüglich. Bedingte (trainierte) Reflexe oder auch abrufbare »Leitbilder« können durch eigene Erfahrungen entstehen oder aber auch durch Beobachten und Analysieren des Verhaltens von Anderen. Überlegen Sie sich, wie Sie in bestimmten Situationen reagieren würden, welche Reaktion sinnvoll und richtig wäre und ob sich beides deckt. Versuchen Sie ein Gedankenbild von der richtigen Reaktion zu erzeugen und ordnen Sie es einem potenziellen Verhalten des Pferdes zu.

Eine Reflex-Strafe, die von Wut und Schmerz gesteuert ist, weil das Pferd Ihnen z.B. gerade auf den Fuß gesprungen ist, ist selten angemessen. Richtig wäre, sich diese Situation vorzustellen (sie kommt ja nun häufig genug vor) und daraus ein abrufbares Leitbild für die eigene richtige Reaktion zu machen. Dies könnte so aussehen: Das Pferd tritt mir auf den Fuß. Es verletzt damit meinen persönlichen Bereich als »Leittier«. Ein ranghöheres Pferd würde ihm dafür einen Huftritt

oder einen Biss verpassen. Ich als Mensch kann ihm daher mit dem Ellbogen in die Rippen oder an die Schulter knuffen. Speichern Sie diesen Gedankengang als »Bild«, so können Sie ihn als reflexhafte Handlung sehr schnell abrufen – auch, wenn Ihnen bis zu diesem Zeitpunkt noch kein Pferd auf dem Fuß gestanden hat.

Ablenken statt Strafen

Bisweilen bekommt man es mit »Widersetzlichkeiten« zu tun, von denen man nicht weiß, wie und wo sie entstanden sind. Ein Pferd, das eine »Untugend« bei dem Menschen, der vorher mit ihm umgegangen ist, »erlernt« hat, wird eine Strafe dafür möglicherweise nicht akzeptieren. Es versteht ja nicht, dass es auf einmal für etwas bestraft wird, was es vorher durfte.

Wollen Sie das Pferd in einem solchen Fall nicht von Anfang an gegen sich aufbringen, so versuchen Sie, das unerwünschte Verhalten nicht zu provozieren oder – wenn es doch auftritt – das Pferd davon abzulenken.

Ist eine Untugend nicht gefährlich und untergräbt nicht deutlich Ihre Autorität, so können Sie sich auch überlegen, ob Sie sie eine Weile ignorieren – manchmal verschwindet sie von allein, wenn das Pferd keinen Widerstand spürt.

Gut Freund ...

Sie können dem Pferd eine notwendige Zurechtweisung »versüßen«, wenn Sie ihm nach der Strafe eine kurze Nachdenkpause gönnen und ihm kurz nach der Pause einen Leckerbissen geben. Nach dem Motto: »Das darfst du nicht, aber ich bin trotzdem dein Freund.« Dieses Verfahren ist jedoch umstritten. Es kann sinnvoll bei Pferden sein, die sich leicht ärgern lassen und die man nach einer Strafe wieder ein wenig kooperativ stimmen muss, um die Arbeit fortzusetzen. Die »Nachdenkpause« sollte jedoch immer lang genug sein, damit das Pferd die begründete Strafe deutlich vom Leckerbissen trennen kann.

Absichten des Pferdes erkennen · rechtzeitig reagieren

Als Fluchttier muss ein Pferd schnell reagieren und beweglich sein. Für den Menschen sind seine Reaktionen deswegen oft zu schnell: Wenn das Pferd zu einer unerwünschten Aktion ansetzt, kommt manche Gegenmaßnahme zu spät. Eine potenzielle Korrektur muss deswegen schon eingeleitet werden, wenn das Pferd seine Absichten verrät. Dies tut es fast immer rechtzeitig, Sie müssen nur die Zeichen erkennen. Für die Bodenarbeit bedeutet dies noch mehr als bei der Arbeit unter dem Reiter (bei der ja durch den direkten Kontakt viele Absichten des Pferdes erfühlt werden können): Die volle Aufmerksamkeit auf das Pferd richten; das Pferd keinen Augenblick aus den Augen lassen – mit voller Konzentration bei der Sache sein und nicht nebenbei ein Schwätzchen halten. Kurze Momente der Unaufmerksamkeit beim Menschen nutzt so manches Pferd, um seinen eigenen Weg zu gehen. Passiert so etwas mehrmals, lernt das Pferd sehr bald, dass es erstens schneller ist als der Mensch und zweitens stärker.

Jeder, der mit Pferden zu tun hat, tut also gut daran, seine eigene Reaktion zu verbessern. Der erste Schritt dazu ist die Konzentration auf das Pferd, um überhaupt zu erkennen, worauf man reagieren muss und was man getrost auf sich zukommen lassen kann. Ein zweiter Schritt ist die Entwicklung von antrainierten Reflexen (s.o.). Ein Zugeständnis an das »Bewegungstier« Pferd ist die Überlegung, keinen Ungehorsam zu provozieren, wenn man weiß, dass das Pferd eine Weile wenig oder keine Bewegung gehabt hat und »vor

Rechnen Sie mit blitzschnellen oder explosiven Aktionen des Pferdes, insbesondere, wenn Sie an Angst besetzten Übungen arbeiten. Das Pferd sollte hier beim Hängertraining langsam quer über die Rampe gehen, springt aber ab ...

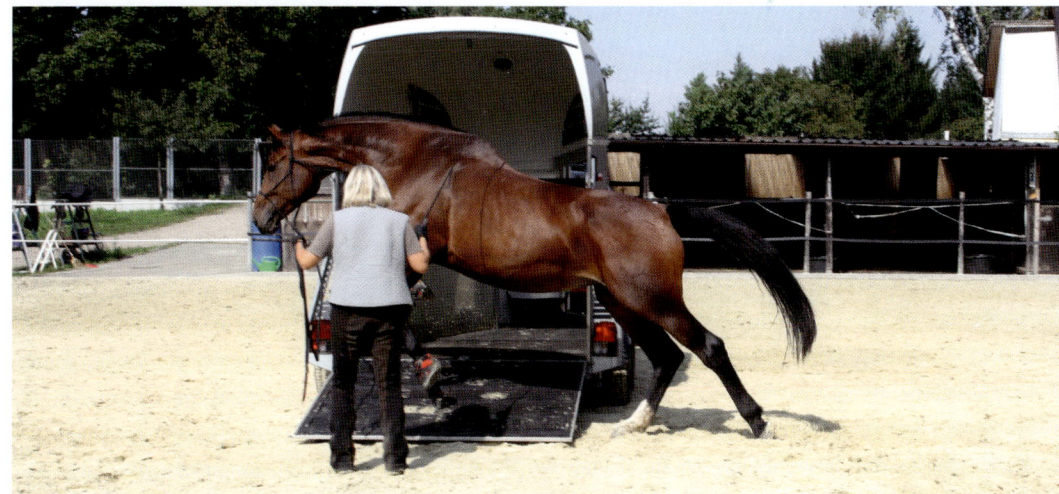

Kraft platzt«. Man sollte ihm dann die Möglichkeit geben, sich frei, ohne Longe, im Spiel auszutoben, bevor es an ernsthafte Arbeit geht.

Motivation – die Aufmerksamkeit im Spiel entwickeln?

Je höher ein Tier entwickelt ist, desto stärker sind sein Spieltrieb und seine Neugier ausgeprägt. Beides kann oft als Gradmesser für die Intelligenz des Pferdes dienen.

Starker Spieltrieb und große Neugier erleichtern einerseits die Arbeit mit dem Pferd, weil es an vielen Dingen interessiert ist und schnell lernt. Sie erschweren die Ausbildung jedoch andererseits in gewisser Weise, weil sich das Pferd genauso schnell langweilt und nicht mehr auf die Bereiche konzentriert, die gerade auf dem »Programm« stehen. Berücksichtigt der Ausbilder diesen Punkt, so wird er sein Trainingsprogramm immer wieder abwandeln, wenn er merkt, dass das Pferd kein Interesse mehr zeigt. Ein intelligentes Pferd fordert den Ausbilder viel stärker als ein dummes, denn er muss sich immer wieder etwas Neues einfallen lassen, um das Pferd zu motivieren.

Sie können Ihr Pferd motivieren, indem Sie mit ihm spielen. Dies wird zwar von vielen Ausbildern total abgelehnt, weil sie der Meinung sind, dass das Spielen mit dem Pferd die Autorität des Ausbilders untergräbt. Betrachtet man jedoch das Herdenverhalten, so spielt der Ranghöhere durchaus mit dem Rangniederen – was ihn nicht daran hindert, ein paar Minuten später seinen Spielgefährten vom Futter wegzubeißen. Sein Rang ist mit diesem Spiel keineswegs in Frage gestellt. Das bedeutet also, dass auch der Mensch ohne Autoritätsverlust mit dem Pferd spielen kann. Im Spiel kann er viele Talente des Pferdes besser erkennen als in der Arbeit, die häufig nach einem bestimmten Grundmuster abläuft. Sie müssen jedoch während des Spiels das Pferd sehr genau beobachten, denn die Grenzen zwischen harmlosem Spiel und beginnender Aufsässigkeit des Pferdes sind fließend. (Spielerische Rangeleien zwischen Jungpferden arten ja auch bisweilen in Rangkämpfe aus.) Es muss in der Erziehungsarbeit schon vorher geklärt sein, dass z.B. Anrempeln und Umrennen tabu sind (siehe Übungsteil) und dass der Mensch das Spiel beginnt und es auch beenden kann.

Flexibilität und offene Zielvorstellungen

Der Vorteil des Spiels ist, dass es nicht zielgerichtet ist. Oft formuliert man bei der Arbeit mit seinen Pferden ein Ziel. Das Pferd soll z.B. Dressurpferd oder Westernpferd oder Distanzpferd etc. werden. Nach diesem Ziel erarbeitet er einen Trainingsplan. Ein formuliertes Ziel bedeutet jedoch immer eine Beschränkung der Fülle von Möglichkeiten. Der Ausbilder wird also vieles vernachlässigen, was nicht zum Ziel führt. Dabei können viele Talente des Pferdes völlig brachliegen, weil sie nie zum Vorschein kommen. Legen Sie sich von vornherein nicht völlig auf ein enges Ziel fest – formulieren also Ihre Zielvorstellungen offener –, so verstellen Sie sich nicht den Blick für die Möglichkeiten, die das Pferd im Spiel anbietet. Eine offene Zielvorstellung könnte z.B. lauten: Ich will mit meinem Pferd besser und harmonischer zusammenarbeiten. Oder: Mein Pferd soll mit mir zusammen ein Bild der Leichtigkeit und Harmonie abgeben etc. Solche Ziele grenzen nicht ein. Zufällig im Spiel entdeckte Talente des Pferdes können zum Spaß in die Arbeit eingebaut werden – mal sehen, was daraus wird ...

Diese Form der Arbeit – ein offeneres Ziel – verhindert auch Enttäuschungen, wenn das Pferd dem eng gesteckten Ziel nicht entspricht, wenn also das »geplante« Dressurpferd »zu wenig Gang« hat, oder sich das Reiningpferd beim Spin einen Knoten in die Beine macht. Vielleicht kann ja das Dressurpferd besser springen, und am »Reiner« ist eher ein Zirkuspferd verlorengegangen.

Sie müssen dran glauben!

Viele Übungen gelingen nicht, weil der Mensch nicht daran glaubt, dass sie gelingen. Er hat im Innersten Zweifel, ob das Pferd z.B. auch anhalten wird, wenn er es verlangt. Und diese Zweifel spürt das Pferd, weil sie sich in unsere Körperhaltung ausdrücken – und läuft weiter. Tatsächlich ist es so, dass Lenkung und Kontrolle des Pferdes mit Gedankenkraft funktionieren. Ein klares (positives) Bild der gemeinsamen Bewegung im Raum oder auch des Stoppens der Bewegung, die Konzentration auf das, was ich will, und was das Pferd tun soll, ist notwendig. Habe ich die Befürchtung im Kopf, was passieren könnte, z.B. dass das Pferd die Aufforderung zum Anhalten ignorieren könnte, wird genau das passieren.

Körperwahrnehmung

»Denn sie wissen nicht, was sie tun ...« Dieser Filmtitel beschreibt leider häufig die Körpersprache des Menschen – am Boden und im Sattel. Der Mensch gibt unklare Signale und hat das Ziel nicht im Kopf. Das Pferd muss raten, was er meint, wird unsicher, verliert das Vertrauen in die Anweisungen des Menschen. Hier empfiehlt es sich, tatsächlich einmal mit anderen Menschen zu üben, statt mit dem Pferd. (siehe Übungsteil)

Spielerische Übungen machen Mensch und Pferd Spaß und bringen verborgene Talente zum Vorschein.

Ausrüstung

Ausrüstung bei der Bodenarbeit ist immer nur
Hilfsmittel und nicht Selbstzweck. Wie bei den
Hilfen/Signalen heißt es wieder: so wenig wie
möglich, so viel wie nötig.

Basis-Ausrüstung

An einem Punkt müssen Sie mit der Kontrolle
über das Pferd ansetzen. Es ist dies normaler-
weise der Kopf. Über den Kopf des Pferdes, über
Gehirn und Wahrnehmung, erlangt man seine
Aufmerksamkeit. Er eignet sich am besten für das
Anbringen eines Kontrollinstruments wie Halfter,
Kappzaum oder auch Trense, nicht zuletzt wegen
seiner Empfindlichkeit.

Hüten Sie sich jedoch davor, zu denken, dass man
das ganze Pferd kontrollieren kann, wenn man
Kopf und Hals in eine bestimmte Haltung zwingt.
Das ganze Pferd kontrolliert man nur, wenn man

seine Kooperation hat. Die bekommt man, wenn das Pferd uns vertraut. Dieses Vertrauen muss man sich jedoch erarbeiten.

Die sinnvolle Ausrüstung am Kopf des Pferdes

Das Halfter

Zum Arbeiten wählt man anfangs am besten ein dünnes Knoten-Halfter. Dieses gibt einen punktuellen Druck direkt an der Stelle, an der er ausgeübt wird, auf den Pferdekopf weiter. Ein breites, weiches Gurt- oder Lederhalfter verteilt den Druck und macht eine Hilfe unschärfer, schwammiger. Bei Pferden, die schon gelernt haben, auf die Körpersprache des Ausbilders zu reagieren, ist es jedoch unerheblich, welche Art von Halfter man verwendet, denn es ist nur noch untergeordnetes Hilfsmittel.

Das Halfter wird so verschnallt, dass es nicht knalleng am Pferdekopf anliegt. Es sollte jedoch auch nicht bei jeder Bewegung schlackern oder sich über das äußere Auge herüberziehen lassen.

Führstrick/Leitseil und Haken

Zum Halfter gehört ein langes Leitseil. Es sollte mindestens 3,5 m lang sein und möglichst schwer. Das freie Ende wird als Gerten- bzw. Peitschenersatz verwendet. Dazu wird dieses freie Seilende propellerartig kreisend in der jeweils freien Hand geschwungen. Der Strick muss dafür gut und locker in der Hand liegen und darf nicht zu Knotenbildungen neigen. Die Arbeit mit der Minimalausstattung Knotenhalfter plus Leitseil erleichterte schnelle Richtungswechsel, weil mit dem Seil sehr schnell führende und freie Hand gewechselt werden können (siehe Übungsteil). Arbeiten Sie mit der Peitsche/Gerte, ist dieser Wechsel schwieriger.

Der Haken am Strick sollte schwer sein, und nicht von allein aufgehen. Der gebräuchliche Anbindestrick mit Panikhaken ist zum Arbeiten nicht geeignet. Er ist zu kurz und zu leicht.

Sidepull und Kappzaum

Statt eines Halfters kann auch ein Kappzaum verwendet werden. Er hat gegenüber dem Halfter den Vorteil, dass er nicht so leicht verrutscht. Konventionelle Kappzäume müssen jedoch recht fest am Kopf des Pferdes verschnallt sein. Durch diese feste Verschnallung wird dauernd ein leichter Druck auf den Kopf des Pferdes ausgeübt. Wollen Sie dem Pferd ein Signal geben, so müssen Sie nun festeren Druck ausüben, um den schon vorhandenen Druck zu »überlagern«. Es gibt jedoch inzwischen auch leichtere Kappzaum-Modelle, die lockerer verschnallt werden können. Auch ein Sidepull ist eingeschränkt verwendbar. Beim Richtungswechsel müssen Sie dabei aber das Seil jeweils neu innen anbringen. Zudem sollten Sie darauf achten, dass es nicht verrutscht und dem Pferd ins Auge gerät.

Longe oder ein ca. 6 m langes Seil

Die Longe oder ein längeres Seil sind für die Arbeit auf weiteren Zirkeln anfangs unentbehrlich. Nur mit dem Leitseil können Sie z.B. ein junges Pferd im Galopp nicht arbeiten, denn es kann sich auf dem kleinen Zirkel noch nicht ausbalancieren. Die Longe sollte jedoch die gleichen Merkmale wie der lange Strick aufweisen: Sie sollte weich und schwer sein, gut in der Hand liegen und nicht zur Schlaufen- oder Knotenbildung neigen. Die gängigen Longen aus Bandmaterial liegen nicht gut in der Hand und sind auch meist zu leicht, so dass sie im Wind flattern und damit dem Pferd zusätzliche - unbeabsichtigte - Signale geben. Der Wellenschlag (siehe: Rückwärts) ist mit einer zu leichten Longe kaum vernünftig auszuführen. Auch das freie Ende der Longe sollte man als Peitschenersatz in Form des Seilpropellers verwenden können.

Halfter, langer Strick und zusätzlich eine Longe genügen für die »Boden-Grundausbildung« des Pferdes, welches keine besonderen physischen oder psychischen Schwierigkeiten hat.

Führkette

Bei problematischen Pferden, die schon »gelernt« haben, Schwierigkeiten zu machen, kann der Einsatz einer Führkette sinnvoll sein, um notfalls bessere Kontrolle zu haben. Sie soll jedoch immer nur in Form eines kurzen Rucks eingesetzt werden. Ein Festziehen ist – wie ja eigentlich immer beim Umgang mit Pferden – zu vermeiden, denn es stumpft die Pferde auf diese schmerzhaften Signale hin ab und provoziert im schlimmsten Fall Widerstand gegen den Schmerz.

Prinzipiell ist es zwar so, dass ein Pferd, welches sich nicht kontrollieren lassen will, auch nicht kontrolliert werden kann, egal mit welchen Zwangsmitteln. Das »schärfere Kontrollinstrument« wirkt sich allerdings auf die mentale Verfassung des Menschen aus, der sich damit sicherer fühlt und deswegen souveräner agiert. Eine Art psychologischer Notnagel ...

Hilfsmittel

Hilfsmittel für eine verlängerte Reichweite des Menschen sind eine lange Gerte sowie kurze und lange Peitsche und der so genannte Stick: ein kurzer handlicher Stock mit einem mittellangen schweren Seil vorne dran.

Die Peitsche sollte nicht zu schwer sein. Eine kürzere Peitsche mit langer Schnur (Fahrpeitschen eignen sich gut) ist der langen Peitsche vorzuzie-

hen, die man kaum noch mit der Spitze vom Boden hochbekommt: Ein gezieltes Treffen mit der Peitschenschnur ist bei einer zu schweren Peitsche kaum möglich. Die Peitschenschnur selbst, der »Schlag«, besteht am besten aus einem dünnen Lederriemen. Leder ist stabil genug und trotzdem leicht. Dicke Schläge aus geflochtenem Nylon sind unbrauchbar, da auch wieder zu schwer und unhandlich.

Wollen Sie, dass Ihr Pferd ein Signal mit der Gerte als bedrohlich empfindet oder mehr Respekt vor der Gerte bekommt, so können Sie ein Stück Plastik o.Ä. an der Gertenspitze befestigen.

Mit dem Material umgehen lernen:
Übungen mit Seilende und Peitsche

Eine kurze Empfehlung zum Umgang mit den Hilfsmitteln Führstrick, Stick und Peitsche: Trainieren Sie den Umgang damit, bevor Sie ans Pferd gehen. Das Pferd sollte Ihre volle Aufmerksamkeit haben. Wenn Sie mit der Peitsche oder

Gerten kann man bei Bedarf mit etwas Flatterband aufpeppen, wenn das Pferd nicht gut genug auf die Gerte reagiert.

Gerte herumprobieren oder den Umgang mit dem freien Seilende des Führstrickes üben, so sind Sie vom Pferd abgelenkt, was dieses für unerwünschte Eskapaden nutzen kann.

Übungen mit dem freien Seilende können z.B. folgende sein: Schwingen Sie das Ende propellerartig in der freien Hand und nähern sich damit einem Gegenstand, bis Sie ihn mit dem »Propeller« leicht streifen. Dann entfernen Sie sich wieder und nähern sich erneut an – ohne den Rhythmus des Kreisens zu verändern. Beherrschen Sie dies, so können Sie auch das Pferd sehr gezielt, d.h. an jeder beliebigen Stelle seines Körpers, damit »stören«.

Übungen mit der Peitsche beziehen sich vorwiegend auf ein zielgenaues Treffen mit der Peitschenschnur. Es geht darum, jede Stelle des Pferdes, an der etwas verändert werden soll, gezielt touchieren zu können.

Zielgerichtete Bewegungen und ein genaues Bild vom gewünschten Ergebnis der Handlung führen zum Erfolg.

Lernen Sie auch, einen Gerten- oder Peitschenschlag aus dem Handgelenk auszuführen, ohne Arm oder Hand dabei nennenswert zu bewegen. Das ist wichtig, um dem Pferd eine Peitschenhilfe nicht immer durch ein Ausschwingen des Armes anzukündigen. Manchmal ist es angebracht, das Pferd überraschend zu treffen, ohne dass es sich durch Verspannen und Davonlaufen auf die Peitschenberührung vorbereiten kann.

Bei der Arbeit am langen Zügel oder an der Doppellonge ist es zudem wichtig, das Pferd bei einer Gerten-/Peitschenhilfe nicht am Kopf zu stören. Dies ist nur möglich bei einer Bewegung aus dem Handgelenk.

Auch den Peitschenknall kann man üben und dazu einsetzen, die Aufmerksamkeit des Pferdes zu erlangen (z.B. anstatt der Stimme).

Um mit der Peitschenschnur zu knallen, ziehen Sie die Schnur ganz langsam im Bogen zu sich heran, heben dann den Peitschenstiel ruckartig hoch und schlagen ihn genauso ruckartig wieder herunter.

Fortgeschrittene Arbeit mit Doppellonge und langem Zügel

Sind die Basisübungen abgearbeitet, kann das Fahren vom Boden, die Doppellongenarbeit oder die Arbeit am langen Zügel nach den Horsemanship-Prinzipien folgen. In diesem kleinen Büchlein fehlt allerdings der Platz, um diese ausführlich zu erläutern.

Sowohl Doppellonge als auch langer Zügel sollten gut in der Hand liegen, weich und schwer genug sein, damit sie nicht flattern. Kann und soll man die einfache Longe am (Knoten-)Halfter verwenden, um Gehorsam und Grundgymnastizierung ohne körperliches Einzwängen des Pferdes zu absolvieren, so sind Doppellonge und besonders der lange Zügel eher ein Werkzeug für Sidepull oder leichterem Kappzaum (oder auch Trense), weil bei diesen die seitliche Führung besser funktioniert. Sie sollen – mit Tendenz in Richtung stärkere Versammlung – die Arbeit unter dem Reiter weitgehend simulieren. Dazu gehört es auch, die Zügelhilfen so zu geben, als ob man draufsitzen würde. Zügelähnliches Gurtmaterial ist dafür am besten geeignet. Kleine Haken zum Einhängen in die Trensenringe sind von Vorteil.

Longiergurt

Für die Arbeit an der Doppellonge und am langen Zügel ist ein Longiergurt hilfreich, allerdings auch nicht zwingend notwendig. Dieser sollte auf jeden Fall mehrere Ösen in verschiedener Höhe haben, um die Zügel in unterschiedlichen Höhen durchzuführen. Umlenkrollen erleichtern es dem Menschen, bei der Arbeit mit großen Pferden die Hände in einer bequemen Position zu tragen.

Hilfsmittel und Umgebung

Neben der Vervollkommnung Ihrer eigenen Bewegungen und Reaktionen (siehe Übungsteil Körpersprache) sowie der Auswahl von geeigneter Ausrüstung können Sie sich das Leben zusätzlich dadurch erleichtern, dass Sie dem Pferd wenig Möglichkeiten geben, sich Ihrem Einfluss zu entziehen.

Glücklich können sich diejenigen schätzen, die einen fest eingezäunten, am besten noch überdachten Roundpen von etwa 18 m Durchmesser zur Verfügung haben. In einem solchen Longierzirkel wird das Pferd wenig durch äußere Einflüsse abgelenkt. Es wird sich deswegen zwangsläufig mehr auf den Ausbilder konzentrieren. Zudem kann es beim Longieren nicht nach außen ausbrechen. Geht man zur freien Arbeit ohne Longe über, so kann sich das Pferd nicht in einer Ecke feststellen, wie dies häufig in einer eckigen Bahn vorkommt. Natürlich muss die Arbeit später überall durchführbar sein. Es geht nur um die Anfangsübungen, bei denen Sie so viele Ansatzpunkte zum Widerstand ausschließen sollten wie möglich.

Wer ein so bequemes Hilfsmittel wie den Roundpen nicht besitzt, muss improvisieren. Eine feste hohe »Strohballen-Umzäunung« ist als Ersatz brauchbar. Ein Paddock mit abgespannten Ecken kann ebenfalls als Führungshilfe dienen.

Auch die Bodenbeschaffenheit ist wichtig: Rutschfest sollte der Boden sein, damit sich das Pferd nicht aus Angst vorm Ausrutschen verspannt. Und nicht allzu tief, denn tiefer Sand belastet die Sehnen.

Sind Sie gezwungen, bei jedem Wetter draußen zu arbeiten, so können Sie an Tagen, an denen alles unter Wasser steht, evtl. im Schritt an Trailhindernissen arbeiten. Zwingen Sie ein Pferd nicht im glitschigen Schlamm an der Longe zu konzentriertem Arbeiten, besonders wenn Sie merken, dass es auf diesem Boden Gleichgewichtsprobleme hat.

Werfen Sie noch einen weiteren prüfenden Blick aufs Wetter. Bei viel Wind und Kälte verhalten sich viele Pferde hektisch und unkonzentriert. Üben Sie neue oder schwierige Dinge mit einem jungen oder problematischen Pferd deswegen besser bei ruhigem, warmem Wetter.

Was **Mensch und Pferd** lernen sollen

Was der Mensch lernen soll

Lernen Sie, konsequent zu handeln und dem Pferd Grenzen zu setzen. Entscheiden Sie, was das Pferd in der Zusammenarbeit mit Ihnen darf und was nicht – und bleiben Sie bei der einmal getroffenen Entscheidung. Einmal »Nein« heißt immer »Nein« und nicht manchmal »Vielleicht« und bisweilen »Ja«.

Der große Vorteil bei der Zusammenarbeit mit Pferden ist, dass man seine Entscheidungen nicht begründen muss. Pferde testen zwar auch immer mal wieder aus, wie weit sie gehen können, aber die Diskussionen, die man mit seinen Mitmenschen bisweilen bei einem »Nein« führen muss, hat man mit dem Pferd nicht. Es sei denn, man fordert etwas, was das Pferd körperlich noch nicht kann (z.B. eine enge Volte im Galopp) oder man drückt sich missverständlich aus und das

Pferd weiß einfach nicht, was es tun soll (das ist sowohl am Boden als auch unter dem Sattel weit verbreitet).

Zudem ist »Angst« ein Thema, das immer wieder bearbeitet werden muss.

Angst des Pferdes vor bestimmten Gegenständen (z. B. Regenschirmen), vor unsicherem Grund oder Engstellen (Stichwort: Verladen).

Angst des Menschen vor den schnellen Reaktionen und der körperlichen Kraft des Pferdes sowie vor Kontrollverlust auch am Boden.

Es gibt jedoch auch eine ganz reale Gefahr fürs Pferd: Gerade junge Pferde sind sehr leicht formbar und wollen »ihren« Menschen gefallen. Das führt bisweilen dazu, dass sie überfordert werden, wenn der Mensch als Ausbilder des Pferdes sich nicht darüber im Klaren ist, was er von einem Pferd in welchem Stadium der Ausbildung fordern kann.

Besteht ein gutes Vertrauensverhältnis, fühlt sich das Pferd sicher bei seinem Menschen. Dann macht ihm auch eine Einschränkung seiner Bewegungsfreiheit nicht viel aus.

Auch bei Pferden, die, bedingt durch Verletzung oder Krankheit, langsam wieder am Boden antrainert werden, muss dem Menschen in jeder Phase des Trainingsplanes bewusst sein, was man ihnen zumuten kann.

Rahmenbedingungen

Pferde brauchen einen klaren Rahmen innerhalb dessen sie sich bewegen können; das entspricht ihrer Natur als Herdentier. In der Herde herrschen klare hierarchische Strukturen. Wer kann wen von seinem Platz (oder auch vom Wasser oder Futter) vertreiben? Wer muss ausweichen? Wer bestimmt das Tempo und die Richtung, in die sich die Herde bewegt? Die Herde bietet den einzelnen Mitgliedern Schutz und Sicherheit; die erfahrensten, souveränsten und klügsten Tiere übernehmen die Führung. Wenn diese Leittiere ruhig bleiben, droht keine Gefahr und die Pferde können sich ihrer Hauptbeschäftigung, der Nahrungsaufnahme, widmen. Geben sie das Signal zur Flucht, wird kein Pferd freiwillig zurückbleiben. Da Pferde von Natur aus »Energiesparer« sind und in der Regel keine Energie vergeuden wollen, ist schnelle Flucht wirklich nur in Notfällen angesagt. Ein Leittier, das die Herde zu viel unnötig in Bewegung hält, gefährdet deren Fortbestand, insbesondere im Winter, wenn das Nahrungsangebot knapp ist. Ausnahme von der Energiespar-Regel bildet das Spiel, welches sowohl Trainingszwecken als auch dem Aufbau der Rangfolge dient.

Aus dem Verhalten in der Herde lassen sich Verhaltensregeln für die Mensch-Pferd-Beziehung ableiten. Zudem ergeben sich daraus einige notwendige Eigenschaften, die der Mensch haben bzw. entwickeln sollte, wenn er die Führungsrolle in der Partnerschaft übernehmen will. Ich schreibe hier »will«, aber eigentlich sollte es »muss« heißen. Die Zusammenarbeit zwischen

Mensch und Pferd kann nur gut funktionieren, wenn die Rollen und Aufgaben richtig verteilt werden. Die richtige Aufgabenverteilung ist sowohl im Sattel als auch am Boden identisch.

Das Pferd hat dabei nur wenige Aufgaben zu erfüllen:
1. Es muss die Bewegungsenergie produzieren und auf Kommando loslaufen
2. Es muss aufmerksam auf den Menschen achten und
3. Es muss sich hinsichtlich Tempo und Bewegungsrichtung kontrollieren lassen

Der Mensch/Reiter hat einen ziemlich großen Aufgabenkatalog abzuarbeiten, denn er ist für alles verantwortlich, was im »Gesamtsystem Mensch-plus-Pferd« passiert:
1. für die Erhaltung seines eigenen Gleichgewichts und dem des Pferdes
2. für die Kontrolle, d.h. Energie-, Richtungs- und Temposteuerung
3. für die Orientierung im Raum
4. für sinnvolle Ausbildungs-Konzepte und
5. für die Sicherheit beider Partner

Kurz: Der Mensch ist der Steuermann des Systems und braucht Führungsqualitäten. Körperliche Kraft spielt eine untergeordnete Rolle (abgesehen von kurzen »Spannungsspitzen«), denn mit den begrenzten menschlichen Kräften könnten wir nie im Leben ein Pferd von 500 oder 600 kg beherrschen – weder am Boden noch im Sattel. Reiten und Bodenarbeit sind stattdessen »Kopfsache«. Die Steuerung des Pferdes erfolgt im Kopf des Menschen – und die des eigenen Körpers auch. Zweckmäßige Gedankenbilder der gemeinsamen Bewegung im Raum und genaues Beobachten des Partners Pferd sind dabei essenziell. Souveränität und Gelassenheit sind wesentliche Bestandteile guten Führungsstils. Sparsame, bewusste Bewegungen und eine sichere Steuerung der eigenen Energie zeigen dem Pferd, dass Sie wissen, was sie tun und dass es bei Ihnen sicher ist und sich auf Ihre Anweisungen verlassen kann. Reagiert das Pferd einmal nicht in gewünschter Art, müssen Sie jedoch **reaktionsschnell** (und trotzdem kontrolliert) sein. Fahrige, unkonzentrierte, hektische Aktionen zeigen dem Pferd, dass Sie unsicher sind und nicht so genau wissen, wo Sie eigentlich hinwollen. Das führt schnell zu Vertrauensverlust beim Pferd und es wird »sein eigenes Ding« machen, weil es den Führungsqualitäten des Menschen misstraut. Der Mensch muss genau wissen, wie seine Körpersprache auf das Pferd wirkt. Dazu ist es sinnvoll, sich einmal filmen zu lassen. Schaut man die Aufnahmen an und beobachtet sich von »außen« sieht man sehr viel deutlicher, wenn etwas nicht stimmt. Übungen zur Entwicklung einer klaren Körpersprache finden Sie im Übungsteil.

Rangordnung und Sozialverhalten verstehen und für die Zusammenarbeit mit dem Pferd nutzen

Jedes geordnete Zusammenleben einer Gruppe von Individuen gründet sich auf bestimmte Regeln. Eine der wichtigsten Regelungen ist die der Position, die der einzelne innerhalb der Gruppe beanspruchen kann – wem er selbst aus dem Wege gehen oder gehorchen muss und wen er »herumkommandieren« kann (von wem er Gehorsam fordern kann).

Drückt der Mensch seine Position innerhalb der Gemeinschaft durch Statussymbole wie den Mercedes als Geschäftswagen, die Rolex am Handgelenk oder die teuren Designer-Möbel aus, so sind viele dieser Symbole nur in einem bestimmten

Umfeld allgemein verständlich und werden in einem anderen Umfeld, einer anderen menschlichen Gemeinschaft mit anderen Wertbegriffen, nicht (an)erkannt.

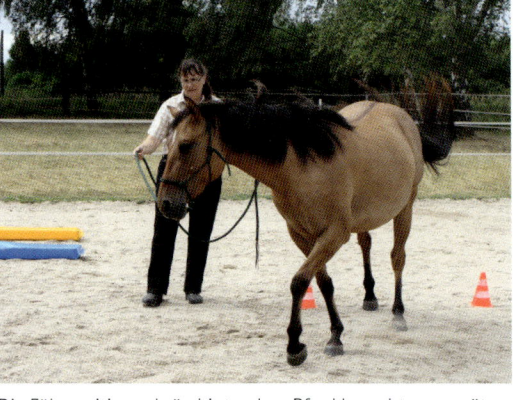

Die Führposition schräg hinter dem Pferd braucht man später fürs Longieren. Auch mit ganz jungen Pferden, wie dieser zweieinhalbjährigen Stute, kann schon gezielt am Boden gearbeitet werden.

Fehlende Autorität oder Charakterschwäche kann unter Umständen in menschlicher Gesellschaft sehr lange durch Äußerlichkeiten überspielt werden, bevor sie von anderen entdeckt wird.

Pferde hingegen entdecken die Schwäche eines Artgenossen, aber auch die Schwächen an ihrem menschlichen Partner sehr schnell, weil sie sich nicht durch Statussymbole blenden lassen. Ihr System der »Einordnung« wird von jedem Pferd verstanden (sofern es nicht deutliche Verhaltensstörungen zeigt) und kann auch vom Menschen prinzipiell verstanden und ausgenutzt werden. Es basiert auf dem einfachen Grundsatz, dass das rangniedere Pferd dem ranghöheren ausweichen muss.

Das ranghöchste Pferd (das Leitpferd) kann grundsätzlich jedes andere Pferd von seinem Platz vertreiben – ob beim Fressen, an der Tränke oder einfach aus einer Laune heraus. Punkt. Ende der Diskussion.

Daneben gibt es noch einige Positions-Regeln, wenn sich die Herde in Bewegung setzt. Es geht vereinfacht darum, wer vorne, hinten oder in der Mitte läuft.

1. Ein rangniederes Pferd darf ein ranghohes nicht überholen.

Das ranghohe Pferd wird seine Position mit einem drohend nach hinten gerichteten Zähneblecken und Ohrenanlegen oder einem gezielten Huftritt verteidigen, wenn es das für nötig hält.

Ein rangniederes Tier kann sowohl direkt hinter dem ranghohen laufen als auch schräg versetzt mit seinem Kopf in Höhe der Schulter des Vorderpferdes. Weiter darf es sich jedoch nicht mehr vorwagen, will es sich nicht den Sanktionen des anderen aussetzen.

2. Das rangniedere Pferd läuft einem ranghohen normalerweise auch in Gefahrensituationen hinterher, weil das ranghöhere Pferd gleichzeitig eine Schutzfunktion ausübt.

Dieses Verhalten führt dazu, dass die Mitglieder der Herde bei einer Bedrohung nicht in alle Windrichtungen auseinanderstieben, sondern auch auf der Flucht den Schutz, den die Gruppe bietet, wahrnehmen können. Besonders das Fohlen läuft bedingungslos hinter der schützenden Mutter her.

Die ranghohen Pferde geben also die Richtung der Flucht bzw. der Bewegung an. Diese Richtung wird von den anderen nicht in Frage gestellt.

3. Das ranghöchste Tier, der Leithengst oder die Leitstute, kann jedes andere Tier der Gemeinschaft von hinten und von der Seite treiben. In jede beliebige Richtung – auch kurzfristig von der Herde weg. Er hält damit einerseits seine Herde zusammen und diszipliniert andererseits dreiste Jungtiere.

4. Leitstute und Leithengst existieren nebeneinander in der Herde. Sie stehen normalerweise nicht in Konkurrenz zueinander, sondern haben eigene Aufgabengebiete. Setzt sich die Herde in Bewegung, so geht meistens die Leitstute voran. Der Leithengst gibt Rückendeckung. Er kann auch die Leitstute von hinten treiben, wenn er mit der Richtung nicht einverstanden ist.

Diese vier Grundmuster in der natürlichen Bewegung von Pferden können sie zur Erleichterung Ihrer Arbeit mit dem Pferd nutzen (siehe Übungsteil). Es muss klar sein, dass es nicht der Mensch ist, der dem Pferd ausweicht. Dieser simple Grundsatz wird leider oft nicht beachtet.

Zusammenfassung: Was der Mensch lernen soll

Wissen erwerben über Anatomie, Psychologie und Kommunikationsmechanismen bei Mensch und Pferd

Respekt, Verständnis, Einfühlungsvermögen und Achtsamkeit: den Partner Pferd respektieren und seine Bedürfnisse verstehen und befriedigen.

Führungsqualitäten: Autorität als etwas Positives begreifen. Selbstbewusstsein und Willensstärke entwickeln.

Körpersprache, Koordination und Kommunikation verbessern: Der Mensch muss immer genau wissen, was er tut und was sein Körper ausdrückt. Er ist der Lehrer in der Partnerschaft.

Sich selbst beobachten: Was tue ich, wie fühle ich mich dabei und wie reagiert das Pferd darauf? Fragen Sie die Spannungsverhältnisse im eigenen Körper von oben nach unten ab, als ob Sie Ihren Körper scannen würden.

Aufmerksamkeit und Konzentration: Das Pferd aufmerksam beobachten und seine Körpersprache lesen lernen. (Das Pferd tut das bei uns sowieso. Pferde sind Meister im Lesen der Körpersprache ... Sie kennen »ihren« Menschen oft besser als der sich selbst.) Ablenkungen vermeiden und konzentriert bei der Sache bleiben.

Gelassenheit: Wer ruhig und souverän bleiben kann, hat bessere Kontrolle.

Fokussieren: Die richtigen Bilder in den Kopf bekommen; an das denken, was man erreichen will und nicht an das, was man befürchtet

Die eigene Energie lenken und die Gedanken/das Bild im Kopf kontrollieren.

Konzepte, Ideen und Ziele, Orientierung im Raum, folgerichtiges Handeln: Der Mensch ist für alles verantwortlich, was die beiden Partner gemeinsam unternehmen: Ziele, Ausbildungsschritte, Lerntempo, Bewegungsrichtung, Tempo, Gleichgewicht, Sicherheit ...

Vertrauen entwickeln, aufmerksam sein und Grenzen akzeptieren: Das ist der Aufgaben-Katalog für das Pferd. Hier findet das Pferd die Satteldecke ganz schrecklich gefährlich.

Was das Pferd lernen soll

Alles, was das Pferd in seiner natürlichen Umgebung lernen muss, wird ihm von der Mutter und in der Herde beigebracht. Eine vernünftige Sozialisation kann nur in der Herdengemeinschaft erfolgen. Deswegen ist es auch unerlässlich, dass Jungpferde in der Herde aufwachsen. Nur dort lernen sie, ihren Platz in der Gemeinschaft zu finden.

Kommen sie dann in menschliche Obhut, so müssen sie sich neu orientieren. Sie müssen lernen, dass der Mensch bestimmte Verhaltensweisen nicht mag, die in der Herde durchaus in Ordnung waren: z.B. das »Beknabbern«, die gegenseitige Fellpflege. Unter Pferden, die sich mögen, eine Geste der Zuneigung, für den Menschen jedoch nicht zuträglich. Oder z.B. die Aufforderung zum Spiel durch Zwicken oder Ansteigen.

Das Pferd muss also lernen, dass manche »nett gemeinte Gesten« beim Menschen nicht erlaubt sind. Dazu ist es erforderlich, dass der Mensch klare Aussagen macht, was er duldet und was nicht. Wie schon erwähnt, muss er die dem Pferd gegenüber nicht begründen. Es reicht, wenn er deutlich macht, was er nicht will.

Dazu gehört auch, dass er es niemals zulässt, dass das Pferd in seinen Taschen nach einem Leckerli wühlt. Auch wenn er mit Leckerli belohnt, muss klar sein, dass nicht das Pferd die Belohnung einfordern darf. Beispielsweise gibt es nur dann ein Leckerli, wenn das Pferd den Kopf etwas wegdreht vom Menschen.

In der menschlichen Gesellschaft muss das Pferd zudem eine neue Führungsperson finden, auf die es sich bedingungslos verlassen kann. Wie schon oben beschrieben, muss der Mensch als Bezugsperson diese Rolle auch ausfüllen. Andernfalls

Seite 34 und 35: »Aussacken« – Gewöhnen an die Satteldecke.

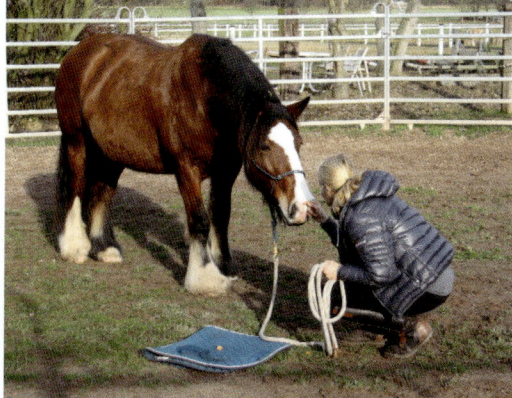

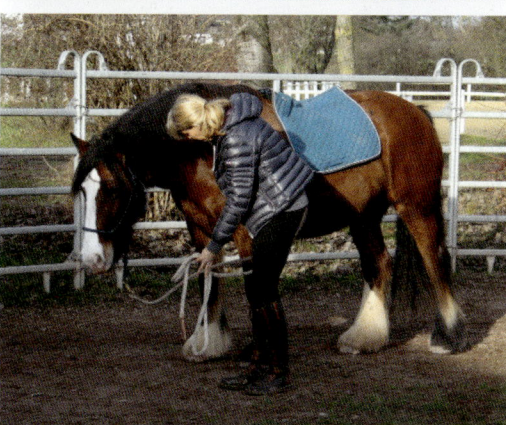

bleibt das Pferd ein »unsicherer Kandidat«. Insbesondere ängstliche Pferde mit wenig Selbstbewusstsein brauchen einen souveränen Menschen, der sich auch von kleinen »Ausrastern« nicht beeindrucken lässt.

Die Übungen des Horsemanship helfen hier beim Vertrauensaufbau, wenn sie kleinschrittig und konsequent ausgeführt werden.

Sehr wichtig ist bei allen Grundsatzübungen das Thema: **Wer macht wem Platz? Wer führt und wer folgt?** Das Pferd muss die geführte Rolle akzeptieren: Es muss ausweichen, auf Distanz bleiben, wenn der Mensch das fordert. Und es muss folgen bzw. sich schicken lassen (siehe Übungsteil).

Aufmerksamkeit und Vertrauen sind die Schlüssel zu einem guten Miteinander, bei dem keiner der Partner »aus der Rolle fällt«.

Zusammenfassung:
Was das Pferd im Umgang mit dem Menschen lernen soll

Aufmerksamkeit auf den Menschen richten, den Menschen als Beschützer und als »weisungsbefugt« anerkennen.

Vertrauen in die Handlungen des Menschen bekommen; der Mensch fordert nichts, was es nicht leisten kann oder was gefährlich sein könnte.

Grenzen akzeptieren. Distanz halten, wenn der Mensch das fordert; das Pferd darf nicht in den persönlichen Bereich des Menschen eindringen. Anrempeln, Umrennen, Respektlosigkeiten sind verboten.

Wie man sehen kann, ist dieser Aufgaben-Katalog deutlich kürzer als der des Menschen. Sind diese 3 Hauptpunkte jedoch geklärt, so ergibt sich alles andere aus folgerichtiger und durchdachter Arbeit.

Übungsteil

Vorbereitende Übungen ohne Pferd (Trockentraining):

Im »Trockentraining« geht es darum, deutliche Körpersprache zu erlernen und den eigenen Körper sicher zu kontrollieren.

Stichpunkte sind: Aufrichtung/Körperspannung, gezielte Bewegungsrichtung, Bewusstsein für die »Bewegungsqualität«, Außenrotation im Arm, erhobener Kopf, lockere Gelenke, fließendes Atmen. Nehmen Sie für manche Übungen einen Spiegel zur Hilfe oder lassen sich filmen.

Kraft – nein danke!
Konzentration – ja bitte!

Der Satz »Streng dich gefälligst etwas an« ist im Hinblick auf dauerhaften körperlichen Krafteinsatz falsch. (Falsche) Anstrengung verhindert die Erfahrung von Energiefluss, Harmonie und angenehmem Körpergefühl. Die Feinheiten einer Bewegung gehen durch zu hohe körperliche Anstrengung verloren. »Anstrengung« ist eher richtig im Hinblick auf geistige Anstrengung in Form von Überlegungen, wie man die Zusammenarbeit mit dem Pferd angenehm und Kraft sparend gestalten kann. Das ist ja der Grundgedanke von Horsemanship an sich.

Bewegungsqualität

Ein Beispiel, um eine harmonische, fließende Bewegung zu verdeutlichen: Wenn Sie von einem Stuhl aufstehen wollen, können Sie dafür viel oder wenig Kraft verbrauchen – die Bewegung kann abrupt und abgehackt aussehen oder weich und gleitend. Wie entstehen diese Unterschiede? Derjenige, der viel Kraft verbraucht, koordiniert nicht alle Teile seines Körpers für die geplante Bewegung des Aufstehens.

Lassen Sie Ihren Oberkörper aufrecht und gerade, müssen Sie Ihre Bein- und Rückenmuskeln stark anspannen, um sich hoch zu wuchten. Es entsteht eine steife, angestrengte Bewegung.

Sie können Ihren Muskeln jedoch die Arbeit sehr erleichtern, wenn Sie Ihren Oberkörper locker nach vorne schwingen und den Schwung zum Aufstehen ausnutzen. Die Bewegung sieht viel eleganter aus und kostet die Hälfte der Kraft. Das Gefühl für eine präzise Bewegung mit minimalem Aufwand ist bei der Bodenarbeit sehr wichtig, um die Aufmerksamkeit des Pferdes nicht durch unnötiges Herumzappeln zu strapazieren. Denken wir daran: Jede Bewegung ist ein Signal für das Pferd. Muss es auf zu viele (evtl. auch noch widersprüchliche) Signale achten, lässt die Aufmerksamkeit nach. Und außerdem sieht es deutlich eleganter aus, wenn man ein Pferd mit einem einzigen Schritt, einer einzigen Armbewegung zu einer prompten Reaktion veranlasst, statt wild in der Gegend herum zu gestikulieren.

Gewohnheiten durchbrechen

Der Mensch ist ein »Gewohnheitstier« (das Pferd übrigens noch mehr ...). Gewohnheit verhindert oft ein Dazulernen oder Umlernen, weil wir, verursacht durch ein bequemes »Das war schon immer so ...«, vieles als unangenehm oder nicht für uns relevant ablehnen, was die Gewohnheit durchbricht. Was das eigene Körpergefühl angeht, welches für Bodenarbeit und Reiten so wichtig ist, so erstarren wir auch hier gern in Gewohnheiten: Eine Verspannung, eine Steifheit im Körper, eine unrationelle Bewegung wird als solche nicht mehr erkannt, weil wir uns daran gewöhnt haben, zuviel Kraft dafür aufzuwenden. Solche Gewohnheiten gilt es zu erkennen und zu ändern. Denn das Pferd erkennt (unzweckmäßige) Spannungen im Körper des Menschen und reagiert darauf seinerseits mit Spannung. Vor allem spürt es die Ursachen der Spannung, wie Angst, Ärger oder sonstige negative Stimmungen. Genauso erkennt es Gelassenheit und Freude an der Arbeit seitens des Ausbilders und gibt ein positives Feedback. Viele Übungen aus der Körperarbeit (als Beispiel Cantienica, Feldenkrais oder Alexandertechnik) helfen, sich des eigenen Körpers bewusster zu werden und unverkrampfte Körperspannung zu entwickelt.

Ist die eigene Sensibilität entwickelt, so fällt es auch viel leichter, sensibel auf die Äußerungen des Pferdes zu reagieren. Im Zuge der eigenen verstärkten Empfindsamkeit werden Sie auch mehr Feinheiten und Nuancen in den Bewegungen des Pferdes erkennen können. Dies ist die Voraussetzung für präzises Sehen und die Entwicklung von Leitbildern.

Wichtig sind deutliche, bestimmte Bewegungen und Souveränität, um dem Pferd seinen Führungsanspruch auch glaubhaft vermitteln zu können. Selbstsicherheit und Ausgeglichenheit sind das A und O im Umgang mit Pferden (und mit Menschen ...), denn wie soll man mit anderen – Pferden wie Menschen – klarkommen, wenn man mit sich selbst nicht im Reinen ist?
Jede Unsicherheit, ob z.B. das Pferd ein Signal auch befolgen wird, oder eine Unkonzentriertheit macht Ihre Körpersprache unpräzise und verunsichert das Pferd.

Haltung bewahren

Bei der Bodenarbeit heißt es – wie beim Reiten – aufrechte Haltung mit angemessener Körperspannung!
Jedes Zusammenfallen im Brustkorb, jedes Hängenlassen oder Schiefneigen von Kopf und Schultern vermittelt das Signal eines unentschlossenen

Seite 38 und 39: Richtungswechsel ...

Menschen. Mit hängendem Kopf ist zudem Ihr Gesichtsfeld eingeschränkt, was das Beobachten des gesamten Pferdes erschwert. Fallen die Schultern nach vorn, so schränken Sie erstens die freie Beweglichkeit der Arme ein und behindern zweitens Ihre Atmung. Drittens leidet durch diese Einschränkungen die Deutlichkeit Ihrer Bewegung, weil sich nicht der ganze Körper daran beteiligen kann – denn Teile des Körpers sind durch das Hängenlassen oder Zusammenfallen blockiert (wie auch beim Reiten).
Wenn ich sage, der ganze Körper soll sich an der Bewegung beteiligen, so meine ich natürlich nicht, dass »viel Bewegung« nötig ist, sondern dass eine Bewegung fließend und weich (elegant) ist, dass ein Heben des Armes nicht durch eine steife Schulter behindert, ein weiter Schritt nach vorne nicht durch einen steifen Rücken oder eine steife Hüfte blockiert wird. Nicht nur der Reiter auf dem Pferd sollte elegant aussehen – auch der, der am Boden mit dem Pferd arbeitet. Eine elegante Bewegung ist immer effektiv.

... von der linken auf die rechte Hand: deutliches Untersetzen der Hinterbeine und Herausspringen in die andere Richtung.

Stabilität durch Körperspannung

Bisweilen müssen Sie einmal ein nach Nach-Außen-Ziehen des Pferdes kurzfristig abfangen. Dazu brauchen Sie Stabilität über Körperspannung.

Durch Aufrichtung im Oberkörper erlangen Sie diese Körperspannung. Drücken Sie jedoch nicht den Brustkorb heraus und versteifen Sie nicht die Knie. Damit fallen Sie ins Hohlkreuz und werden wieder instabil. Wollen Sie die Körperspannung verstärken, so stellen Sie sich vor, aus der Bauchmitte Energie nach außen zu drücken, wie beim Niesen oder Naseschneuzen. Um die Spannung auch beim Einatmen zu halten, atmen Sie gedanklich Richtung Bauch/Becken ein. Bleiben Sie locker im Knie und schließen Sie die Achselhöhlen (Außenrotation im Arm) hinten, das verstärkt die richtige Körperspannung (siehe auch Übung Tauziehen).

Zielstrebig bewegen

Bewegungsrichtung und Schnelligkeit Ihrer Bewegung haben einen deutlichen Einfluss auf das Pferd. Gehen Sie sehr forsch auf das Pferd zu, so wird es denken, Sie wollen seinen Platz beanspruchen – und ausweichen. Gehen Sie langsam, so nähern Sie sich in »freundlicher Absicht« und das Pferd wird abwarten.

Gehen Sie einen Schritt zurück, so fordern Sie das Pferd praktisch damit auf, Ihnen zu folgen. Ein Schritt zurück darf jedoch auf keinen Fall von einem Verhalten des Pferdes verursacht werden. Treten Sie zurück, wenn Ihnen das Pferd unaufgefordert zu nahe »auf die Pelle rückt«, so weichen Sie dem Pferd aus. Das Pferd hat damit ausgetestet, was es sich bei Ihnen erlauben kann – Ihre Führungsposition ist gefährdet.

Positionierung der Schultern

In der Bodenarbeit fortgeschrittene Pferde richten sich mit ihren Schultern auf die Schultern des Ausbilders aus. Durch Schulterdrehung können Sie das Pferd zum Anhalten oder Abwenden veranlassen.

Kontrollierte Gestik

Die Gestik sollte aus ruhigen, kontrollierten Bewegungen bestehen. Jede überflüssige oder unkontrollierte Bewegung ist ein unnötiges und oft auch noch missverständliches Signal für das Pferd. »Kontrollierte Bewegung« soll jedoch nicht heißen, dass Sie sich jede Geste erst lange überlegen müssen: Jedes Signal würde damit unweigerlich zu spät kommen. Über abrufbare, bildhafte Vorstellungen sind die jeweils adäquaten Gesten schnell und richtig verfügbar (siehe Abschnitte Augen / Sehen lernen / Leitbilder).

Die Arme

Mit den Armen weisen Sie dem Pferd die Richtung, in die es sich bewegen soll. Sie können es »einrahmen«, nach vorne und hinten begrenzen. Durch Heben eines Armes oder beider fordern Sie Aufmerksamkeit vom Pferd. Gerte oder Peitsche oder ein kreisendes Strickende dienen als Verlängerung des Armes, wenn das reine Körpersignal nicht ausreicht.

Reagiert ein Pferd schlecht, so können Sie auch ruhig mit hocherhobenen Armen wild gestikulieren, um erst einmal Aufmerksamkeit und den Ansatz einer Reaktion zu erhalten. Später reduzieren Sie diese »wilde« Gestik wieder. Mit den hohen Armen machen Sie sich selbst größer und imitieren das drohende Steigen eines Pferdes. Keine Angst: Ihr Pferd wird davon nicht kopfscheu.

Hände und Finger

Mit den Händen können Sie dem Pferd einerseits angenehme Empfindungen - z.B. durch Massage oder Streicheln – übermitteln. Sie können sie aber auch einsetzen, um das Pferd absichtlich zu stören. Wenn ein Pferd nicht rückwärts gehen will, können Sie es mit mehreren Fingern kurz hintereinander in die Brust piken. Das tut nicht weh,

Galopp rechte Hand in guter Selbsthaltung des Pferdes.

wird aber mit der Zeit unangenehm und löst deswegen eine Reaktion aus.

Um die Gesten zu minimieren, suchen Sie sich die Punkte am Pferd, an denen es besonders sensibel auf Druck reagiert.

Sie können mit beiden flachen Händen seitlich gegen die Schultern des Pferdes klopfen. Viele Pferde gehen auf dieses Signal gut rückwärts. Auch das Wedeln neben dem Kopf oder sogar leichte Anklatschen der Ganaschen des Pferdes mit den Händen kann helfen. Es stimmt nicht, dass man das Pferd damit kopfscheu macht. Das Pferd kann – und soll – ja schließlich ausweichen. Es wird schnell merken, dass das unangenehme Gewedel aufhört, wenn es reagiert. Kopfscheu macht man das Pferd, wenn man ihm im normalen Umgang, also z.B. beim Halfteranziehen unkoordiniert und fahrig am Kopf herumfuchtelt, denn dabei soll es ja stillhalten, und nicht durch Wegziehen des Kopfes bzw. Wegtreten nach hinten reagieren.

Richtungswechsel von der rechten auf die linke Hand.

Das Anpiken mit den Fingerspitzen in Bauch oder Hinterhand treibt das Pferd seitwärts – ein Klatschen mit der flachen Hand oder auch Anpiken an den Hals veranlasst es zum Wegdrehen des Kopfes und schließlich Ausweichen mit der Schulter. Je schlechter es reagiert, desto höher – Richtung Kopf – kann die Hand eingesetzt werden.

Wichtig ist immer, erst einmal überhaupt eine Reaktion des Pferdes auf den eigenen Körper ohne Hilfsmittel zu erlangen, auch wenn dieses Traktieren des Pferdes anfangs unschön aussieht. Es wird sehr schnell lernen, auf geringere Signale zu reagieren.

Keine Wutausbrüche!
Bei allen diesen »Störaktionen« müssen Sie darauf achten, auf keinen Fall wütend zu werden, wenn nicht bald eine Reaktion kommt und dann aus der Wut heraus das Pferd zu traktieren. Das Verfahren ist vielmehr eine Zermürbungstaktik, die dem Pferd irgendwann auf die Nerven geht, ohne

dass sich der Mensch dabei in irgendeiner Form aufgeregt hat. Behält er nämlich die Ruhe, so signalisiert er dem Pferd seine Sicherheit nach der Devise: »Du wirst schon irgendwann nachgeben.« Wut verrät jedoch dem Pferd eine gewisse Hilflosigkeit oder sogar Angst des Menschen. Wut und Angst liegen sehr nah beieinander und so mancher Mensch verprügelt sein Pferd, weil er eigentlich Angst vor ihm hat.

Die Beine und Füße
Beine und Füße sind neben der aufrechten Haltung für die Deutlichkeit der Bewegungsrichtung verantwortlich.

Suchen Sie den Punkt am Pferd aus, den Sie zum Ausweichen veranlassen wollen, und zielen mit den Fußspitzen direkt darauf. Wollen Sie das Pferd dazu veranlassen, mit der Hinterhand aus dem Weg zu gehen, so zielt Ihre Fußspitze auf den inneren Hinterhuf, während Sie auf die Hinterhand des Pferdes zugehen. Auch der Winkel, in dem Sie sich auf den Teil des Pferdes, der weichen soll, zubewegen, ist wichtig. Es ist nämlich gut möglich, dass Sie das Pferd dabei selbst in einer bestimmten Richtung blockieren. Die Richtigkeit Ihrer Bewegung zeigt sich in der Reaktion des Pferdes. Es weicht nicht in die gewünschte Richtung, wenn die Bewegung des Menschen nicht stimmt.

Hals und Kopf

Ein angehobenes Kinn signalisiert Entschlossenheit, ein eingezogenes Genick und Kinn Angst oder Unentschlossenheit. Das ängstliche Einziehen des Genicks wirkt sich zudem auf die Beweglichkeit des ganzen Körpers und auf die Schnelligkeit der Reaktionen aus. Ihre Absichten und Bewegungen bleiben praktisch »im Hals stecken«, werden blockiert. Es ist nun nicht nur so, dass die innere Haltung die äußere bedingt. Das Ganze funktioniert auch andersherum. Wird Ihnen bewusst, dass Sie das Genick einziehen, so können Sie durch eine Änderung dieser äußeren Haltung, indem Sie sich straffen und den Kopf anheben, eine aufrechtere innere Haltung erlangen.

Mit einem Lächeln ...

Ein verbissener Gesichtsausdruck führt zu verbissenem Handeln ohne jene lächelnde Nachsicht, die den Umgang mit dem Pferd entspannter gestalten kann. Wie die Richter in Dressurprüfungen einen lächelnden Reiter sehen wollen, so ist dies auch in der Bodenarbeit von Vorteil. Ein entspanntes Gesicht bedingt entspanntes Verhalten. Sie können ruhig ein Liedchen pfeifen oder summen, um sich zu entspannen, solange Sie dabei das Pferd nicht aus den Augen lassen.

Atmung

Fließende, gleichmäßige Atmung zeigt Ruhe und Gelöstheit. Wem der Atem stockt, der hat Angst oder ist zumindest erschrocken. Das Gleiche gilt fürs Luftanhalten. Wenn Sie also erschrocken nach Luft schnappen, dann weiß das Pferd sofort, dass etwas nicht stimmt. Und wenn Sie befürchten, dass das Pferd etwas tut, was Sie nicht kontrollieren können, halten Sie auch oft die Luft an und versetzen damit sich selbst in eine negative Erwartungsspannung. Also: Ausatmen nicht vergessen! Lassen Sie die Luft raus! Lassen Sie den Atem gedanklich durch alle Körperteile strömen. Damit halten Sie auch den Energiefluss aufrecht. Durch forciertes Ausatmen können Sie allerdings auch kurzfristig Kraft freisetzen, wie es die Kampfsportler mit einem Schrei tun. Das Wort »Whoa« oder »Hoh«, welches die Westernreiter als verbales Kommando zum Anhalten nutzen, hat einen ähnlichen Effekt. Sie stoßen mit einem dunklen Laut Luft aus und frieren dabei kurzfristig ihre Bewegung ein. Am Boden kann man dieses Kommando zusätzlich zur Veränderung der Körperposition zum Anhalten geben. Gibt man es im Sattel, so kippt das Becken dabei nach hinten und blockiert die Rückenbewegung des Pferdes.

Augen und Wahrnehmung

Das Erkennen eines Problems impliziert oft dessen Lösung. Erkannt werden Probleme bei der Bodenarbeit hauptsächlich mit den Augen. Zusammengekniffene Augen führen meist zu einen verkniffenen, zumindest gespannten Gesichtsausdruck. Weit offene Augen entspannen das Gesicht. Weit offene Augen erweitern zudem das Gesichtsfeld, also den Bereich, in dem wahrgenommen wird. Zur Erfassung eines Zusammenhanges sind die weit geöffneten Augen besonders gut geeignet. Wollen Sie ein spezielles Problem analysieren, so können Sie die Augen verengen und sich auf einen speziellen Ausschnitt Ihres Gesichtsfeldes konzentrieren.

Richtig sehen und bewerten

Durch ganzheitliches Sehen sollen Leitbilder und Idealvorstellungen des richtigen Bewegungsablaufes entwickelt werden.

Das »richtige Sehen« ist in Verbindung mit der grundlegenden Kenntnis des Pferdeverhaltens sowie der Anatomie des Pferdes der Schlüssel zu einem besseren Umgang mit dem Pferd.

Unter dem Sattel und bedingt auch am Boden kommt dann noch die Entwicklung eines »Referenzgefühls« hinzu.

Der aufmerksame Beobachter wird bei jedem Pferd in der Bewegung bestimmte Eigenheiten erkennen können, die es deutlich von anderen Pferden unterscheiden. Diese Eigenheiten sind hauptsächlich bestimmt von Exterieur, Rasse und Temperament des speziellen Pferdes. Und sie sind je nach Tagesform etwas unterschiedlich. Darüber hinaus kann das geschulte Auge auch Disharmonien (von leichten Steifheiten, Taktunreinheiten bis zu deutlicher sichtbaren Lahmheiten) im Bewegungsablauf wahrnehmen.

Erweitert wahrnehmen = mehr Sehen = mehr Interesse

Umfassende Wahrnehmung müssen viele Menschen erst lernen. Es geht dabei um eine sehr differenzierte Art des Sehens und Fühlens, um ein In-Sich-Hineinhören, welche Emotionen das Wahrgenommene in uns auslöst.

Ein einfaches Beispiel sollte den Unterschied leicht verdeutlichen. Der oberflächliche Betrachter sieht einen Stamm, Zweige und Blätter. Er ordnet diese Konstellation in seinem Denken in die vorhandene Kategorie »Baum« ein. Das genügt ihm. Er hat daran kein weiteres Interesse. Der Naturinteressierte wird vielleicht sehen: Der Baum

hat eine breite Krone, längliche Blätter mit vielfach gekerbtem, unregelmäßigem Rand und einen gefurchten Stamm – eine Eiche. Er untergliedert also seine Kategorie »Baum« mit weiteren Begriffen. Ein Künstler wird nun noch ganz andere Dinge wahrnehmen. Er wird das Grün der Blätter unterscheiden nach dem helleren Frühlingsgrün oder dem dunkleren Sommergrün. Er wird die spezielle Erscheinung der Baumes bei Regen, Wind oder Sonne betrachten, seinen Schatten je nach Sonnenstand beachten, die Struktur des Stammes bewundern usw. Der Förster wird hingegen wahrnehmen, ob die Blätter von Raupen angefressen sind, bestimmen, wie alt der Baum ist und prüfen, ob der Stamm gesund ist etc. Beide »sehen« also noch differenzierter. Der eine will den Baum vielleicht malen – ihn interessiert die Gesamtstimmung, die durch Abbildung des Baumes samt der Umgebung auf seinem Gemälde entstehen soll. Den Förster interessiert der Baum als Lebewesen und Nutzobjekt.

Selektive Wahrnehmung

Alle vier »Sehenden« bekommen prinzipiell die gleiche Information auf Ihre Netzhaut. Jeder Mensch nimmt jedoch seine Umwelt selektiv wahr. Er sortiert aus, was ihn nicht besonders interessiert. Das »Mehr-Sehen« der beiden letzten Baumbetrachter im Gegensatz zum ersten, entsteht aus einem speziellen Interesse der letzteren und der daraus resultierenden Ausbildung von differenzierten Denk-Strukturen (Kategorien).

Idealbilder für den Sollzustand

Die differenzierte Wahrnehmung eines Künstlers kann auch der Pferdemensch erlernen. Er muss nur genug Interesse daran haben und die Bereitschaft, zu lernen.

Deutliche Gesten und zielgerichtete Bewegung sowie eine genaues Bild im Kopf von dem, was das Pferd tun soll ...
Pferde erkennen die feinsten Signale im menschlichen Körper und reagieren entsprechend.

Wer nun das Reiten oder den Umgang mit Pferden sehr oberflächlich betreibt, wem es genügt, auf einem Pferd irgendwie oben zu bleiben, mit einem Pferd mehr schlecht als recht umgehen zu können, der wird nicht differenziert sehen lernen, denn es fehlt ihm das Interesse. Wer jedoch die sprichwörtliche Einheit von Mensch und Pferd, die Harmonie, sucht, der sollte beim Sehen-Lernen anfangen, um Harmonie oder Disharmonie in der Bewegung des reiterlosen und später auch des gerittenen Pferdes zu erkennen. Daraus erwächst schließlich ein Idealbild, wie eine ungestörte Bewegung eines Pferdes und später eine harmonische Pferd-Reiter-Kombination in Bewegung aussehen sollte. Diese bildhafte Vorstellung sollten Sie im Geiste als Sollzustand »abspeichern«, um sie jederzeit mit dem Istzustand vergleichen zu können. (Auch beim Reiten können Sie ein einmal erlebtes harmonisches Sitz-Gefühl als Soll mit sich herumtragen und während der Ausbildung immer wieder mit dem Istzustand vergleichen.)

Eine bildhafte Vorstellung erleichtert den Vergleich, weil sie als Ganzes aufgenommen und abgerufen wird. Würden Sie einzelne Faktoren einer Gesamtbewegung analysieren und sie als Einzelteile mit Vorzeichen »falsch« oder »richtig« abspeichern, so wären diese lange nicht so schnell abrufbar wie das Gesamtbild.

Reflex-Reaktionen

Schnell reagieren wir, wenn wir nicht erst lange nachdenken müssen. Wir nennen eine superschnelle, mehr oder weniger unbewusste Reaktion eine reflexhafte Handlung. Manche »Reflexe« sind sowohl dem Pferd als auch dem Menschen antrainierbar. Reaktionen des Pferdes auf Hilfen des Reiters sind z.B. antrainierte Reflexe. Die Mechanismen, die hinter einem guten Reaktionsvermögen stehen, sind die o.g. bildhaften Vorstellungen, auf die der »Horseman« direkt, ohne nachzudenken, Zugriff hat und die er reflexartig umsetzt. Die meisten haben diese Erfahrungen in langen Jahren erworben, ohne recht zu wissen wie. Andere haben versucht, Bewegungsabläufe

Sehen lernen: Stimmung, Bewegungsqualität und Haltung unvoreingenommen beurteilen. Beide Pferde machen einen zufriedenen Eindruck und bewegen sich entspannt.

von Reitern und Pferden zu analysieren und daraus einen sinnvollen theoretischen Unterbau abzuleiten, aus dem heraus wieder so etwas wie ein Idealbild entsteht. Ein solches nur theoretisch-analytisch abgeleitetes Idealbild ist gefährlich, denn viele starre Formvorschriften resultie- ren daraus, die zwar nicht unbedingt falsch sind, jedoch nicht immer auf die jeweilige Situation passen. Zudem fehlt diesen Formvorschriften das Gefühl. Dieses intuitive Gefühl – ein Gespür für Zusammenhänge und Stimmungen und situationsgerechtes Handeln – ist zwar nicht von jedem gleichermaßen zu erlangen, prinzipiell aber auch erlernbar.

Einige wenige Menschen scheinen das »Händchen für Pferde« von Anfang an zu haben. Ich behaupte, sie haben einfach nur die bessere Beobachtungsgabe und ein eher aufs Bildhafte gerichtetes Denken, so dass sie einmal als richtig erkannte oder intuitiv erfühlte Bewegungsmuster schneller in eigenes reflexhaftes Handeln umsetzen können.

Es geht also darum, das Vorstellungsvermögen zu trainieren und Gedankenbilder von wünschenswerten Reaktionen sowie harmonischen Bewegungsabläufen zu entwickeln – die klassischen Mechanismen des mentalen Trainings.

Unvoreingenommen wahrnehmen

Sehen lernen sowie Wahrgenommenes richtig bewerten und einordnen bedeutet auch, nichts von vornherein auszugrenzen. Wie oft sind wir »betriebsblind« - d.h., wir verbauen uns durch vorgefasste Meinungen oder Vorurteile die ungehinderte Sicht auf einen Vorgang. Nach dem Muster der Betriebsblindheit funktioniert das bedenkenlose Aufschauen zu einem idealisierten Vorbild, dessen Fehler man einfach nicht sehen will. Doch auch der anerkannt gute Reiter macht Fehler, das als hochtalentiert eingestufte Pferd kann unerzogen oder schlecht geritten sein. Und die Meinung der Koryphäe muss nicht immer richtig sein. Wer das erkannt hat, ist auf dem besten Weg zu einer unvoreingenommenen Sehweise.

Führen und folgen: links mit direktem Kontakt, mitte nur mit Augenkontakt und rechts mit »Zügelverbindung«.

Gesamtbilder erfassen – von der Gesamtheit zum Detail

Sehen-Lernen bedeutet, optisch von der Gesamtheit zu den Einzelheiten vorzudringen. Erst, wenn eine Disharmonie im Gesamtbild lokalisiert ist, können Sie die Aufmerksamkeit auf den Punkt konzentrieren, wo Sie deren Ursprung vermuten. Betrachten Sie einzelne Körperpartien des Pferdes nacheinander ohne den Zusammenhang des Gesamteindrucks, so können sich diese jeweils in recht harmonischer Bewegung präsentieren. Trotzdem braucht die Gesamtbewegung nicht in Ordnung zu sein: Es ist z.B. möglich, dass der Bewegungsrhythmus der Vorhand nicht mit dem der Hinterhand übereinstimmt. Oder die Rückenbewegung wird durch ein festes Genick beeinträchtigt. »Brüche« im Bewegungsablauf und auch im Spannungsbogen gibt es häufig – bis in die höchsten Ausbildungsstufen hinein – am Boden und unter dem Reiter. Und genauso häufig fragt man sich: »Warum sieht das denn keiner?«

Die Kopfhaltung ist neben der Verengung und Erweiterung des Gesichtsfeldes durch die Augen entscheidend für die Art der Wahrnehmung. Ein dauerhaft schräg gehaltener Kopf des Beobachters verzerrt das wahrgenommene Bild und verspannt den Nacken.

Hilfreiche Trockenübungen für den »Horseman«

Führen und Folgen:

Üben Sie »Führen und Folgen« mit einem Partner; führen Sie selbst und lassen Sie sich führen – mit Körperkontakt (direkt und über eine simulierte Zügelverbindung mit einem Seil) und ohne, nur mit Augenkontakt (siehe Abbildungen). Sie werden sehr schnell feststellen, dass die Führung nicht funktioniert, wenn nicht beide Partner mit voller Konzentration aufeinander bei der Sache sind. Wenn nicht beide Partner bestrebt sind, den Kontakt zu halten und auf die Signale des ande-

ren zu achten, gibt das eine schöne Verwirrung. In
meinen Kursen mache ich immer wieder gern solche Übungen, die viele Aha-Erlebnisse und viel
Gelächter verursachen.

Besonders aufschlussreich – für den Führenden
und für den Geführten – ist es immer wieder,
wenn der von hinten Führende beim Abwenden
den inneren Zügel nicht zur Seite führt, sondern
nach hinten zieht. Probieren Sie es aus und Sie
ziehen nie wieder am inneren Zügel rückwärts,
wenn Sie gespürt haben, wie Sie als Geführter
damit aus dem Gleichgewicht geraten.
Der Geführte kann auch die Augen schließen.
Dazu muss er dem Führenden natürlich sehr viel
Vertrauen entgegenbringen.

Trainieren Sie auch mit dem Leitseil den Wechsel
der führenden und freien Hand (die führende
Hand leitet das Pferd in die gewünschte Richtung
und hält Kontakt, die freie Hand arbeitet mit dem
Seilpropeller). Beim Richtungswechsel (siehe dort)
müssen Sie schnell umgreifen. Üben Sie das mit
einem menschlichen Partner, der Pferd spielt, wie
auch bei den Übungen Führen und Folgen im vorigen Abschnitt.

Gleichgewicht und Körperspannung
Tauziehen

Sowohl am Boden als auch unter dem Sattel sollen Pferd und Reiter sich alleine im Gleichgewicht
halten, ohne den jeweils anderen zur Erhaltung
des Gleichgewichts zu missbrauchen. Üben Sie
mit einem Partner bei einem Tauziehen, wie
schnell man aus dem Gleichgewicht kommt,
wenn sich z.B. beide Partner einfach nur mit Zug
nach hinten gegeneinander lehnen und einer
überraschend den Kontakt aufgibt: Der andere
fällt nach hinten um. Wenn jedoch die beiden

Das Spiel mit den Achsen und der Stabilität. Wer sich zu sehr
auf den anderen verlässt, fällt um, wenn der andere die Spannung aufgibt. Das mittlere Bild zeigt beide Partner im Tauziehen in stabiler Position.

Partner mit minimal gebeugten Knien und mit
hoher Körperspannung senkrecht stehen, können
sie einen stärkeren Zug aufrechterhalten und
bleiben stabil, wenn der andere den Kontakt auf-

gibt. (Im Sattel sieht man auch häufig, dass Reiter und Pferd gegeneinander ziehen und das Gleichgewicht ohne den anderen nur schlecht halten können.)

Versetzen Sie sich in die Lage des Pferdes

Mit den Übungen Führen und Folgen bekommen Sie schon einen kleinen Einblick in die »Gefühlswelt« des Pferdes in der geführten Rolle.

Eine weitere aufschlussreiche Übung ist es, einmal die negative Wirkung von eng geschnallten Hilfszügeln auf die Beweglichkeit der Gelenke zu testen.

Laufen Sie mit rundem Rücken und tief hängenden Armen im Affengang vorwärts, beugen Sie dabei gut die Knie und machen lange Schritte. Das Gleiche versuchen Sie im Holkreuz mit in den Nacken gelegtem Kopf. Das mit den langen Schritten (dem weiten Vortreten der Hinterbeine beim Pferd) funktioniert schon nicht mehr so gut; und es fängt an, im Kreuz zu zwicken. Wenn Sie jetzt im Hohlkreuz versuchen, auch noch den Nacken zu beugen, kriegen Sie kaum noch ein Bein vors andere. Und genau das passiert meistens beim Einsatz von z.B. Schlaufzügeln. Das Pferd muss im Hohlkreuz mit gebeugtem Genick laufen – und wird immer steifer, weil es die Hinterbeine gar nicht richtig bewegen kann.

Das funktioniert auch für das Reiten:
Sie können mit einem Partner testen, wie Ihr Sitz auf das Pferd wirkt. Einer geht auf die Knie und spielt Pferd, der andere setzt sich ausbalanciert mit Körperspannung (Oberkörper senkrecht, Gesäßknochen senkrecht nach unten zeigend) bzw. unausbalanciert und ohne Körperspannung auf seinen Rücken und kann aufgrund des verbalen

Feedbacks des menschlichen »Pferdes« überprüfen, ob er dem Pferd dessen Arbeit leicht oder schwer macht.
(Siehe auch Diacont/Löffler: »Die Ausbildungsskala für den Reiter« und »Richtiges Training – gesundes Pferd«; Diacont, Videoreihe: »Einfach Reiten lernen I-III«)

Führung und Konzentration

Der Geführte muss sich auf die Körpersignale des Führenden konzentrieren. Die Konzentration kann sowohl über das Gefühl erfolgen (bei Körperoder Zügelkontakt) oder auch über das Sehen (bei fehlendem Körperkontakt). Mit Verringerung der Signale bei der Bodenarbeit und mit der Minimierung der Hilfen unter dem Reiter haben wir den gleichen Effekt: Das Pferd konzentriert sich stärker auf uns: auf unsere optischen Körpersignale bei der Bodenarbeit auf Distanz und auf die über das Gefühl wahrnehmbaren Signale (= Spannung erhöhen oder vermindern) mit direktem Körperkontakt bei den Hilfen vom Sattel aus.

Energiesteuerung

Am Boden wie im Sattel ist es wichtig, die eigene Energie richtig zu steuern. Damit verstärken Sie Ihre Präsenz. Und Ihre Präsenz ist es, die das Pferd beeindruckt.
Mit richtiger Energiesteuerung wird die Körperspannung verstärkt, ohne dass die Beweglichkeit der Gelenke und die Reaktionsschnelligkeit leidet. Denken Sie sich einen Energiestrahl aus der Körpermitte in Richtung des Körperteiles des Pferdes, der ausweichen soll. Stellen Sie sich vor, wie z.B. das innere Hinterbein des Pferdes zur Seite tritt oder wie die ganze Hinterhand blitzschnell nach außen ausweicht.
Oder Sie füllen Ihren Oberkörper »von innen nach außen mit Energie«. Drücken Sie dabei Energie

Energiesteuerung durch klare Gedanken und deutliche Gestik.

aus der Bauchmitte nach außen – in gleicher Weise als würden Sie sich in die Nase schneuzen oder niesen. Schließen Sie dann die Achselhöhlen hinten, so dass Sie Spannung aufs Brustbein bekommen, ohne dabei ins Hohlkreuz zu fallen. Ihre Schultern straffen sich dabei, bewegen sich jedoch nicht nach hinten, sondern nach unten; Ihre Arme kommen in die Außenrotation. Stellen Sie sich vor, alle Seiten Ihres Körpers bleiben gleich lang und Sie platzen gleich vor Energie. Vergessen Sie aber dabei das Atmen nicht. Ausatmen ist kein Problem mit dieser »Schneuztechnik«. Beim Einatmen müssen Sie jedoch den Atem nach unten fließen lassen (Bauch- bzw. Zwerchfellatmung), um die Spannung zu halten und den Brustkorb nicht nach vorne aufzublasen (und damit wieder ins Hohlkreuz zu fallen).

Richtige Aufrichtung und Körperspannung sowie die richtige Energiesteuerung im Sattel funktionieren auf die gleiche Weise. Wir füllen den Oberkörper mit Energie und lassen Becken und alle Gelenke in Armen und Beinen los, so dass Bewegung weggefedert werden kann. Dann richten wir die Energie mit unserer Vorstellungskraft in die gewünschte Richtung.

Sowohl die Arbeit am Boden als auch die im Sattel sind Kopfsache. Mit unserer Gedankenkraft steuern wir die Energie im System »Mensch plus Pferd«.

Erziehungsarbeit
Aufmerksamkeit erreichen

Anrempeln verboten, Aufmerksamkeit erwünscht: Was sich beim Führen des Pferdes schon hinsichtlich der Beziehung zwischen Pferd und Mensch zeigt. Und wie Sie in der richtigen Weise Aufmerksamkeit vom Pferd fordern.
Es gilt: Aufmerksamkeit gegen Aufmerksamkeit: Nur, was Sie selber geben, können Sie auch vom Pferd verlangen.

Schenkt das Pferd Ihnen bzw. der geforderten Aufgabe keine Aufmerksamkeit, so hat das Gewinnen der Aufmerksamkeit oberste Priorität. Stören Sie das Pferd so lange mit Signalen oder Störgeräuschen, bis es Sie anschaut. Dann lassen Sie es in Ruhe und loben es. In der Bewegung sollte das Seil oder die Longe dann keine Spannung mehr haben, weil das Pferd in leichter Innenstellung zu Ihnen schaut. Loben Sie es dann mit der Stimme. Soll das Pferd am Ende einer Übung stehen, und hat es seine Sache gut und aufmerksam gemacht, so können Sie es an der Stirn oder am Hals reiben oder auch einmal ein Leckerli geben.

Störgeräusche können z.B. das Klatschen des Seilendes gegen den Stiefel oder die Chaps des Menschen sein, ein Peitschenknall oder das Rascheln einer am Stick befestigten Plastiktüte. Sichtbare Störsignale sind z.B. kreisendes Seilende, wedelnde Gerte, erhobener Arm oder ein forscher Schritt auf den Körperteil des Pferdes zu, der ausweichen soll. Schaut uns das Pferd jedoch nicht an, so laufen die sichtbaren Störsignale ins Leere, und nur die Störgeräusche oder eine Berührung des Pferdes mit Peitsche oder Seilpropeller kommen an.

Beginnen Sie immer mit einem schwachen und »freundlichen« Anfragen und werden Sie langsam massiver, wenn das Pferd Sie fortgesetzt ignoriert. Wichtig ist dabei immer, nicht einfach den Druck zu steigern, sondern immer in der »Intervalltechnik« zu arbeiten: Also Signal geben und wieder loslassen. Andernfalls lassen Sie sich schlimmstenfalls auf einen Ziehkampf mit dem Pferd ein, den Sie nur verlieren können.
Überraschen Sie das Pferd ruhig einmal, indem Sie etwas tun, was Sie vorher noch nie getan haben. Werden Sie kreativ im Erfinden veränderter Signale. Schwingen Sie Gerte oder Peitsche von unten nach oben, schlagen Sie mit dem Seilende oder der Peitsche auf den Boden. Es gibt viele Möglichkeiten, auf ungewohnte Weise zu agieren und den Routine-Trott zu unterbrechen. Genauso agieren Sie auch beim Reiten. Sie beginnen mit einer »flüsternden« Hilfe und wiederholen sie bzw. steigern die Energie (nicht den Druck!). Auch hier gilt: Impuls geben – loslassen – erneuter Impuls – wieder loslassen. Alle Impulse sind immer kurz. Reagiert das Pferd das dritte Mal z.B. nicht auf einen Schenkelimpuls mit »Mehr Vorwärts«, dann kommt als Steigerung ein Gertenimpuls. Sie können z.B. auch die Zügel in eine Hand und die Gerte in die andere nehmen und das Pferd dann rechts und links abwechselnd an der Hinterhand leicht berühren. Das Pferd wird so überrascht von dem schnell rechts und links aufeinander folgenden »energiereichen« Gertensignal sein, dass es in gewünschter Weise reagiert.

Echte Kommunikation

Das Pferd soll bei der Arbeit auf die Körpersprache des Menschen reagieren und nicht mit Ausrüstung »verschnürt« werden, bis es sich kaum noch wehren kann. Dabei gilt ganz grob: Tut das Pferd nicht, was der Mensch von ihm will, so hat es ihn nicht verstanden oder es akzeptiert ihn nicht als ranghöher und schenkt ihm nicht die nötige Aufmerksamkeit.

Aufmerksamkeit lenken

Pferde lassen sich gern ablenken, wenn sie sich nicht mit einer Aufgabe auseinandersetzen wollen. Sie schauen in der Gegend herum und sind mit ihren Gedanken überall, bloß nicht beim Menschen, der da gerade etwas von ihnen will. Insbesondere beim Verladen kann man das häufig sehen: Das Pferd dreht demonstrativ den Kopf weg vom Hänger. Hier kann man erst dann an der eigentlichen Aufgabe arbeiten, wenn man die Aufmerksamkeit des Pferdes wieder hat und sich das Pferd mit der gestellten Aufgabe auseinandersetzen will. Um das zu erreichen, arbeitet man wieder mit »angenehm« und »unangenehm«. Das Pferd wird immer dann in Ruhe gelassen, wenn es den Blick auf die Aufgabe richtet. Und es wird mit »Störsignalen« geärgert, wenn es ihn abwendet.

Engpass- und Verladetraining (siehe Übungsteil) sind gute Beispiele für die Fixierung der Aufmerksamkeit.

Stimmungsprüfung

Um keine kritischen Situationen zu provozieren, sollten Sie lernen, die Stimmung des Pferdes einzuschätzen. Pferde, die kurz vor der Explosion stehen, sollte man nicht zusätzlich unter Stress setzen (siehe auch Angstbewältigung). Einem »eingeschlafenen« oder ignoranten/unaufmerksamen Pferd sollten Sie jedoch klarmachen, dass es gefälligst auf Sie zu achten hat, wenn Sie etwas von ihm wollen.

Viel Pferde-Psychologie und wenig Materialeinsatz kommen dabei zur Anwendung. Keine Ausbinder, kein Longiergurt, keine Trense, kein Kappzaum – und was sich nach der klassischen Methode sonst noch alles am Pferd befinden kann. Als einzig wirklich nötige Ausrüstung dienen ein (Knoten-)Halfter, ein schweres, nicht zu

Die Ohrenausrichtung zeigt, dass das Pferd die Aufmerksamkeit beim Menschen hat.

dickes, etwa 3,5 m langes Leitseil und bei Bedarf ein Stick oder eine kurze Fahrpeitsche.

Mehr nicht ?

Mehr nicht! – Zumindest, was die Ausrüstung betrifft.

Das wichtigere »Handwerkszeug« sind Verständnis des natürlichen Pferdeverhaltens und genaues Beobachten des Pferdes. Dazu kommt, dass Sie sich bewusst werden, wie Sie auf Ihr Pferd wirken und Ihre Wirkung nötigenfalls korrigieren können (siehe Körpersprache).

Präsenz zeigen
Gedanken- und Körperkontrolle

Was beim Horsemanship besonders wichtig ist, ist das grundsätzliche Verständnis der Rangordnung und der lebenswichtigen Faktoren Sicherheit und Schutz der einzelnen Herdenmitglieder durch die gesamte Herde, wie oben dargestellt. Das Verhalten von ranghohen Tieren soll mit der eigenen Körpersprache nachgeahmt werden. Zeigen Sie Präsenz durch Körperspannung und Selbstbewusstsein. Gelingt dies, ist der Erfolg gesichert. Weil das Pferd dem Ranghöheren, der immer auch eine Schutzfunktion hat, vertraut und sich ihm freiwillig unterordnet, tritt Ungehorsam aufgrund von »Nichtwollen« nicht mehr auf. Sie können also bei geklärter Beziehung normalerweise davon ausgehen, dass ein Ungehorsam Ihres Pferdes auf »Nichtkönnen« oder »Nichtverstehen« basiert, dass Sie also zuviel verlangt oder sich dem Pferd gegenüber missverständlich ausgedrückt haben. Suchen Sie den Fehler immer zuerst bei sich selbst. »Scannen« Sie Ihren eigenen Körper von oben nach unten durch; horchen Sie in sich hinein und erkennen Sie, wo Sie selbst blockieren. Überprüfen Sie Ihre Gedanken: Wer das Scheitern befürchtet, der wird scheitern. (Diese Mechanismen der Gedanken- und Körperkontrolle gelten genauso auch beim Reiten. Überprüfen Sie immer zuerst Ihr Bild im Kopf und ihre Körpersprache, wenn etwas nicht klappt!)

Simple Grundsätze

Das Konzept des **Horsemanship** basiert auf einem ganz simplen Grundsatz des Herdenverhaltens:

Das ranghohe Pferd bewegt das rangniedere.

Da Sie die Führungsposition einnehmen sollen, können Sie den Platz des Pferdes beanspruchen – egal, wo sich dieses gerade aufhält.

Das bedeutet in einem einfachen Praxis-Beispiel: Das Pferd steht irgendwo dösend auf dem Auslauf. Gehen Sie forschen Schrittes auf es zu und treiben es von diesem Platz weg.

Hat das Pferd bisher wenig Respekt vor Ihnen gehabt, wird es unter Umständen versuchen, sich stur auf diesem Platz zu behaupten. Wenn es das schafft, haben Sie die erste Runde im Rangordnungsspiel schon verloren – und werden vermutlich auch alle weiteren verlieren.

Forcierte Bewegung

Ein einfaches Hilfsmittel dafür, Ihrem Ansinnen Nachdruck zu verleihen, ist das lange Leitseil, das Sie wie einen Propeller in der Hand kreisen lassen. (Siehe Kapitel Ausrüstung) Zunächst verleiht diese »scharfe« Bewegung des Seilendes allen anderen Bewegungen (also auch Ihrer Vorwärtsbewegung in Richtung des Pferdes) eine stärkere Bestimmtheit. Sollte dies nicht ausreichen, um beim Pferd Eindruck zu machen, so können Sie es mit diesem Propeller auch an Schulter oder Seite berühren, bis ihm das wiederholte Klatschen des kreisenden Seilendes zuviel wird und es das Feld räumt.

Das freie Ende des Leitseils dient dazu, Ihren Bewegungen und Gesten ein wenig »Schärfe« zu verleihen.

Der Vorteil des Seilpropellers gegenüber der Gerte liegt besonders bei schnellen Aktionen darin, dass Sie ihn schneller und flexibler einsetzen können. Es gibt jedoch einige Lektionen, besonders im versammelnden Bereich, bei denen der Einsatz der Gerte besser, da präziser, ist. Wem die Handhabung der Gerte sympathischer ist, als die des Seilendes, der kann auch durchgehend mit der Gerte arbeiten; er wedelt dann mit der Gertenspitze, statt das Seilende zu schwingen. Wer beides ausprobiert hat, wird bei verschiedenen Pferden Unterschiede in den Reaktionen auf Seilende oder Gerte feststellen können. Das eine Pferd wird besser auf Seilende, das andere besser auf Gerte reagieren. Manchmal ist die Verwendung auch abhängig von der Übung, die gerade gemacht werden soll.

Behalten Sie bei dieser Vorübung Ihr Pferd sehr genau im Auge, denn es ist gut möglich, dass es sich zwar blitzschnell von seinem Platz entfernt, dabei aber ungnädig ausschlägt. Oder aber es versucht erst einmal, selbst der Ranghöhere zu sein und kommt auf Sie zu. Begegnen Sie der Drohung durch das Pferd in absolut aufrechter Haltung mit hocherhobenem Kopf sowie mit in Richtung des Pferdes ausgestrecktem Arm. Machen Sie möglichst einen Schritt auf das Pferd zu. (Lenken Sie das Pferd allenfalls durch einen Schritt seitwärts ab.) Weichen Sie jedoch auch nur einen Schritt zurück, so hat wieder das Pferd einen Sieg in Sachen Rangordnung errungen.

Bei besonders renitenten Pferden sollten Sie statt des kreisenden Seilendes auf jeden Fall eine längere Peitsche verwenden und mit dieser wedeln (nicht schlagen), damit Sie sich nicht zu dicht in Reichweite der Hufe begeben müssen. Bei solchen Übungen ist es sinnvoll, die Ausdehnung der »Gefahrenzone« zu kennen und auf heftige Reaktionen des Pferdes gefasst zu sein.

Anfangs ist es erst einmal völlig egal, in welche Richtung das Pferd von dem beanspruchten Platz verschwindet. Die weiterführende Arbeit nach diesem Konzept besteht darin, das Pferd nach einer bestimmten Richtung bzw. nur die Vorhand oder nur die Hinterhand des Pferdes ausweichen zu lassen.

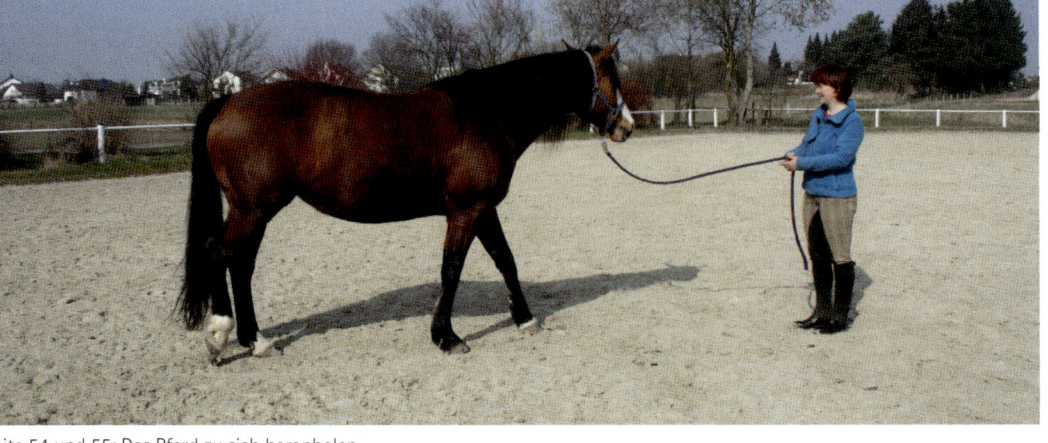

Seite 54 und 55: Das Pferd zu sich heranholen.

Dazu arbeiten Sie am schon erwähnten Halfter mit Seil.

6 Ausweichmanöver

Prinzipiell hat das Pferd 6 Möglichkeiten des Ausweichens:

- **nach vorne**
  durch Vorwärts Gehen
- **nach hinten**
  durch Rückwärts Gehen
- **zur Seite nach rechts oder links**
  durch Ausweichen mit Vor- oder Hinterhand
  (in Form von Hinterhandwendung oder Vorhandwendung)
  durch eine komplette Seitwärtsbewegung von
  Vorhand und Hinterhand nach rechts oder
  links in Form von: Schenkelweichen, Schulterherein oder Travers (25–45° Abstellung) oder
  reinem Seitwärtstreten (90° Abstellung)
- **nach oben**
  (z.B. durch Steigen oder Erklettern eines
  Hügels etc.)

- **nach unten**
  (z.B. durch Hinlegen oder Herunterspringen
  in ein Loch oder eine Senke)

Ihre Arbeit besteht nun darin, das Pferd so zu schulen, dass es präzise in die von Ihnen gewünschte Richtung ausweicht. Die Ausweichmöglichkeiten nach oben und unten sind dabei vorerst zu vernachlässigen – sie werden später gebraucht, wenn das Pferd an der Hand im bergigen Gelände oder an kleinen Auf- und Absprüngen gearbeitet werden soll oder aber für Kunststückchen in der Freiheitsdressur (steigen lassen, hinlegen lassen). Sie werden z.T. später noch aufgegriffen. Wichtig sind für den Anfang die anderen vier Richtungen –
nach vorne, hinten, rechts und links.

1. Nach vorne – heranholen

Holen Sie das Pferd zu sich heran.
Dabei stehen Sie 2–3 m vom Pferd entfernt, schauen es frontal an und ziehen leicht am Seil.

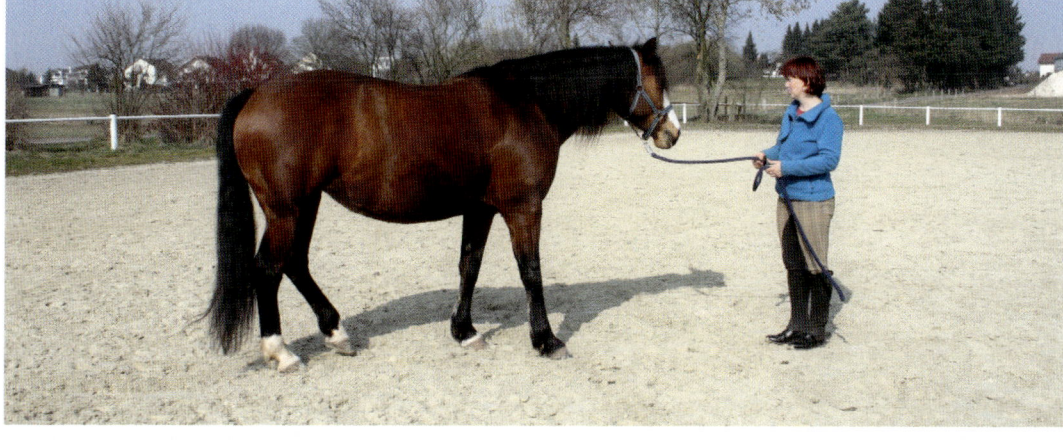

Die Reaktion des Pferdes kann nun sehr unterschiedlich sein. Hat es in irgendeiner Form Angst vor Ihnen oder will aus anderen Gründen gerade nicht zu Ihnen kommen, so wird es bockbeinig stehen bleiben und dem Druck hinter den Ohren durch Langmachen des Halses ohne sonstige Vorwärtsbewegung nachgeben. In diesem Fall handhaben Sie den Strick ähnlich wie ein Gummiband: Erhöhen Sie langsam den Zug und geben immer mal wieder leicht nach, um zu testen, ob das Pferd sich evtl. nur gegen den Druck wehrt und bei Wegfall des Druckes von allein käme. Reagiert es nicht, so wird wieder Druck aufgebaut, (ähnlich wie bei halben Paraden in der engl. Reitweise jedoch ggfs. anfangs mit mehr Kraftaufwand) bis ihm die Sache zu unangenehm wird und es einen Schritt nach vorne geht. Nach dieser Reaktion geben Sie sofort am Strick nach. Noch besser ist, schon während der Bewegung nachzugeben. Das Pferd verbindet den Schritt nach vorne mit etwas Angenehmem, dem Aufhören des Druckes im Genick. Weitere Schritte nach vorn können Sie dem Pferd nun auf die gleiche Weise entlocken. Schon nach kurzer Zeit wird es mehrere Schritte auf Sie zugehen. Geben Sie immer sofort nach, sobald das Pferd auch nur den Ansatz einer Vorwärtsbewegung zeigt. Idealerweise geben Sie schon nach, wenn es einen Vorderhuf hebt. Das Pferd empfindet dann seine Bewegung in Ihre Richtung als freiwillige, eigene Entscheidung. Es konnte zwischen »Angenehm« und »Unangenehm« wählen. Für den weiteren Erfolg der Arbeit ist sehr wichtig, dem Pferd so oft wie möglich zu suggerieren, es täte etwas aus eigenem Antrieb.

Sobald das Pferd stehen bleibt, wird wieder Druck aufgebaut. Schon nach sehr kurzer Zeit gibt es selbst dem leichtesten Druck durch eine Vorwärtsbewegung nach. Stellt es sich sehr stur, kann man mit der Peitsche arbeiten und es mit dem Bogenschlag (von hinten an die Vorderbeine) heranholen.

Hat es Sie erreicht, loben Sie es und lassen es eine Weile völlig ruhig stehen. Damit zeigen Sie ihm das Ende dieser Übung an. Beenden Sie möglichst jede Übung mit diesem ruhigen Stehen-Lassen.

Nach einer angemessenen Ruhepause können Sie die Übung wiederholen.

Die Lektion des Heranholens können Sie mit der des Ausweichens nach hinten (siehe nächster Abschnitt) kombinieren.

Funktioniert die Übung, so können Sie den Abstand zwischen sich und dem Pferd auch während der eigenen Vorwärtsbewegung verringern, das Pferd also, während Sie selbst laufen, zu sich heranholen. Für Wanderreiter kann dies wichtig werden, wenn sie sich mit ihren Pferden in schwierigem Gelände bewegen.

Führtraining

Aus diesen Übungen ergibt sich auch das simple Führen des Pferdes, bei dem im Alltag immer wieder Fehler gemacht werden. Das eine Pferd will nicht mitkommen und der Mensch muss es hinterherziehen, das andere drängelt nach vorne oder rempelt den Menschen sogar an. Diese Verhaltensweisen zeigen sehr deutlich, dass die

Grunderziehung hier schief gelaufen ist und das Pferd »seinen Platz« nicht kennt.

Beim einfachen Führtraining gibt es den simplen Grundsatz: Das Pferd darf den Reiter nicht überholen. Es läuft in einer Position mit Kopf neben der Schulter des Menschen, mit so viel seitlichem Abstand, dass es seine Aktionen/Bewegungen gut sehen kann. Es sollte diese Position halten, egal, ob der Mensch schneller oder langsamer läuft, stehen bleibt oder rückwärts geht. Wie wir in den Führübungen mit dem menschlichen Partner gesehen haben, braucht es die volle Aufmerksamkeit dafür.

Eine fortgeschrittene Variante ist, das Pferd von hinten zu führen (siehe Punkt 1.2.).

1.1. Nach vorne – Kopf tief

Eine Variante der Heranhol-Übung ist es, den Kopf des Pferdes »herunterzubringen«.

Gehen Sie dabei vor dem Pferd in die Hocke und üben von unten in der eben beschriebenen Manier Druck auf das Genick des Pferdes aus, bis das Pferd mit der Nase den Boden berührt. Will es den Kopf unaufgefordert heben, so folgt sofort wieder ein leichter Zug am Strick. Nach kurzer Zeit wird das Pferd den Kopf am Boden lassen, solange der Ausbilder kein gegenteiliges Kommando gibt. Etablieren Sie das verbale Kommando »Kopf-tief«, können Sie diese Reaktion auch auf Entfernung abrufen.

Mit dieser Lektion können Sie dem Pferd erstens das Nachgeben auf Druck beibringen und haben zweitens die Möglichkeit, die Rückenmuskulatur am stehenden Pferd zu entspannen. Versuchen Sie einmal, das Pferd aufzuzäumen, während Sie selbst vor ihm in der Hocke bleiben. Sie können dabei überprüfen, wie lange und geduldig es freiwillig den Kopf unten lässt.

Führen ohne Hilfsmittel: Die freie Arbeit ergibt sich aus richtigem Führtraining.

Diese Übungen des Nachgebens auf ausgeübten Druck sensibilisieren das Pferd mit der Zeit, sodass es schon dem Ansatz eines Drucks oder Zugs nachgibt. Die spätere Arbeit wird damit stark erleichtert; auch unter dem Reiter wird es schließlich minimalem Druck nachgeben, wenn es an der Hand darauf konditioniert wurde.

Entspannung auf Kommando

Das Kommando »Kopf tief« oder auch »Nase tief« kann sehr hilfreich sein, wenn Pferde nervös und unaufmerksam sind. Damit kann man sie sehr schnell entspannen. Eine andere Möglichkeit, überschüssige Energie bzw. Verspannungen bei der Arbeit loszuwerden besteht darin, **»Energie auszustreichen«**. Streichen Sie dabei mit der flachen Hand langsam vom Hals über die Schulter zu den Vorderbeinen hinunter und danach über den gesamten Rücken und die Kruppe bis zum Sprunggelenk. Das Ganze mehrfach auf beiden Seiten.

Damit können Sie schnell wieder eine »arbeitsfähige entspannte Grundhaltung« herstellen.

1.2. Nach vorne – von hinten führen

Schicken Sie das Pferd vor sich her.
Sie treiben es dabei in ähnlicher Weise, wie es der Leithengst einer Herde tun würde.
Sie stehen schräg hinter dem Pferd, haben es am langen Strick und schicken es durch das kreisende Seilende, einen Klaps mit Gerte oder Hand nach vorne. (Auch die spätere Arbeit am langen Zügel basiert auf diesem Führen von hinten.) Nehmen Sie bei Bedarf Ihre Stimme zu Hilfe.
So können Sie mit dem Pferd dann eine Weile spazieren gehen – auch im Gelände, an Angst erzeugenden, »Pferde fressenden Ungeheuern« vorbei.
Das Pferd assoziiert mit dem, der es von hinten führt, das Leittier, dem es von Natur aus gehorcht und vertraut.

Die Übung »Kopf tief«.

Von hinten führen (am langen Zügel).

Nun treten bei dieser Art des Führens natürlich auch Probleme auf: Das Pferd will an diesem oder jenem Gegenstand nicht so gern vorbei, es bleibt nicht in der gewünschten Richtung. Mit einer festen Gerte oder einem Stick (wegen der Reichweite besser als der Seilpropeller) können Sie dem Pferd leicht an Schulter, Hals oder Bauch klopfen, um die Richtung zu korrigieren oder auch, um mehr vorwärts zu treiben. Sie imitieren damit die Bisse und Knüffe des Hengstes bei Ungehorsam des Rangniederen.

2. Nach hinten

Schicken Sie das Pferd rückwärts von sich weg, idealerweise, ohne dass Sie sich dabei von Ihrem eigenen Standplatz fortbewegen. Fordern Sie das Pferd nur mit Ihrer eigenen Körpersprache dazu auf, sich rückwärts von Ihnen zu entfernen. Eine sinnvolle Vorübung, um dem Pferd erst einmal die gewünschte Bewegungsrichtung klarzumachen ist es, frontal auf das Pferd zuzugehen und dabei das Seilende vor seiner Nase kreisen zu

lassen. Ein sensibles, ängstliches Pferd wird erschreckt die Augen aufreißen und nach hinten ausweichen, ein eher phlegmatisches muss evtl. erst mit dem kreisenden Seilende an der Nase berührt werden, bevor es den Rückzug antritt. Achten Sie darauf, Ihre eigene Haltung schon in diesem Stadium der Vorbereitung kritisch zu beobachten und gegebenenfalls zu korrigieren. Sie müssen das Gefühl haben, vor Ihrem Pferd zu wachsen. Ihre Energie ist genau mittig auf die Brust des Pferdes gerichtet. Schauen Sie das Pferd dabei mit erhobenem Kopf voll an und strecken den Arm mit dem kreisenden Seilende nach vorn. Zielen Sie damit Richtung Brust oder Nase des Pferdes. Je höher dabei das Pferd den Kopf nimmt, umso höher nehmen Sie den Seilpropeller, damit das Pferd diesen auch im Blickfeld hat.

Beachten Sie Ihre **Atmung**. Der Atem darf auf keinen Fall stocken. Halten Sie den Atem an oder schnappen erschrocken nach Luft, so verkrampfen Sie sich, und Ihre Körpersprache drückt Angst oder Unsicherheit aus. Das Pferd hat extrem feine Antennen für Ihren emotionalen Zustand. Ihre Unsicherheit überträgt sich sofort aufs Pferd.

Wollen Sie zuerst ohne kreisendes Seilende arbeiten, um z.B. ein ängstliches Pferd nicht zu erschrecken, so können Sie es mit den Fingern oder der Handfläche beeinflussen: Sie können es mit den Fingern *leicht* an der Brust »anpiken« oder auch mit der Hand etwas Druck auf die Nase ausüben, um es ausweichen oder nachgeben zu lassen. Versuchen Sie jedoch nicht, das Pferd mit dem Finger oder der Hand wegzuschieben. Das kann mit den gegebenen Kräfteverhältnissen nicht funktionieren und das Pferd wird dadurch nur lernen, ihre Signale zu ignorieren. »Stören« Sie das Pferd so lange, bis es »genervt« rückwärts

Rückwärts wegschicken mit Körpersprache und ggfs. einem Wellenschlag am Seil.

Stopp und Rückwärts mit dem freien Pferd.

weicht. Dann wird es sofort gelobt und kurz in Ruhe gelassen.

Wenn Sie so dicht am Pferd und mit direktem Körperkontakt arbeiten, achten Sie bitte immer darauf, keine Panikreaktionen zu provozieren (wenn das Pferd z.B. Angst vor dem Rückwärtstreten hat, weil es ja nicht sieht, was direkt hinter ihm ist), dass es womöglich die Flucht nach vorn an Ihnen vorbei (oder über Sie drüber ...) antritt.

Manche Pferde weichen in Alarmhaltung mit hochgedrücktem Hals und weggedrücktem Rücken nach hinten aus. Für den Anfang ist das erst einmal unbedenklich. Sollte sich das nach einiger Zeit nicht ändern, müssen wir jedoch dafür sorgen, dass das Pferd in entspannter Haltung mit gesenktem Kopf rückwärts geht und den Rücken nach oben bringt. Das verbale Kommando »Kopf tief« kann dabei helfen. Wir können auch wieder dichter am Pferd arbeiten, selbst etwas in die Knie gehen und den Pferdekopf immer wieder etwas am Seil »herunterzupfen«. Manchmal hilft auch

»Trick 17« mit einem Leckerli: Das Leckerli dem Pferd tief unter das Maul halten und die Hand Richtung Pferdebrust bewegen, so dass das Pferd mit dem Maul nach hinten folgt und sich damit rückwärts bewegt.

Minimierung der Signale

Wie beim Reiten geht es auch in der Bodenarbeit darum, die Intensität der Signale und auch die Hilfsmittel mit der Zeit zu reduzieren. Dazu gehört, dass das Pferd immer aufmerksamer auf Ihre Körpersprache achtet. Die meisten Pferde tun dies nicht von Anfang an. Deswegen müssen Sie oft mit extrem deutlichen und ausladenden Gesten beginnen, damit das Pferd Sie beachtet. Wedeln Sie z.B. mit hoch erhobenen Armen vor dem Pferdekopf hin und her, um es zum Ausweichen nach hinten zu veranlassen. Damit imitieren Sie das drohende Steigen eines ranghöheren Pferdes. Reagiert es nicht, können Sie ihm mit den Handflächen seitlich an den Hals oder Kopf klatschen, bis es rückwärts ausweicht. Auch das harte Rucken am Halfter (was auch gut auf Distanz funktioniert) macht dem Pferd klar, dass es Sie nicht ignorieren sollte. Die meisten dieser Übungen sehen für den unbedarften Zuschauer grausig aus: Das Pferd reißt dabei die Augen auf und den Kopf hoch – ein Bild des Widerstandes. Jedoch wird das Pferd damit auf Ihre Signale aufmerksam gemacht, wenn es vorher eher geneigt war, den Menschen nicht so ganz ernst zu nehmen. Schon nach kurzer Zeit wird es aufmerksamer werden und ohne unschöne Bilder reagieren. Wollen Sie nicht so dicht an das Pferd heran, weil Ihnen das zu gefährlich erscheint (und es oft auch ist), so können Sie mit dem Stick, der Peitsche oder Gerte auf Distanz arbeiten. Damit können Sie das Pferd auf Abstand berühren oder leicht »Anschnicken«. Ich sage leicht »Anschnicken« – die Peitsche ist nicht zum Bestrafen gedacht.

Geben Sie sich am Anfang mit einem vom Pferd signalisierten »ich versuch's ja« zufrieden. Also z.B. mit einem zögerlichen einzelnen Tritt in die gewünschte Richtung. Wichtig ist, dass das Pferd überhaupt reagiert. Belohnen Sie die Ansätze durch In-Ruhe-Lassen und eine kleine Pause. Steigern Sie langsam die Anzahl der Tritte.

Wellenschlag

Nach den Vorübungen können Sie versuchen, das Pferd nur über die eigene »Energiesteuerung« von sich wegzuschicken.

Statt das Seilende kreisen zulassen, wobei Sie dem Pferd meistens ziemlich nahekommen müssen, bevor es reagiert, benutzen Sie das Seil nun in anderer Weise. Versetzen Sie es in wellenförmige Bewegung, sodass das Pferd in regelmäßigen Abständen einen kleinen Ruck auf Genick und Ganaschen bekommt. Ihre aufrechte Haltung,

Rückwärts mit Kopf tief. Wenn das Pferd in Alarmhaltung (ohne Rücken) rückwärts geht, muss man etwas tricksen, um eine entspannte Haltung zu bekommen.

der regelmäßige Atem, der nach vorne-oben ausgestreckte Arm und vor allem Ihr »Bild im Kopf« signalisieren dem Pferd »Rückzug«. Reagiert es nicht, so werden in die Wellenbewegung etwas härtere, seitliche Seilschläge eingefügt.

Irgendwann wird dem Pferd die Störung durch den Wellenschlag zu viel, und es weicht rückwärts aus. Dann muss Ihr Wellenschlag sofort aufhören. Er setzt wieder ein, wenn das Pferd weiter rückwärts gehen soll. Reagiert das Pferd gut, so wird der Wellenschlag nur noch als leichtes Signal benutzt, solange das Pferd sich rückwärts von Ihnen entfernen soll. Er hört immer dann auf, wenn das Pferd stehen bleiben soll. Bei dieser Lektion ist das Loben fast nur noch mit der Stimme und durch »In-Ruhe-Lassen« möglich. Sie schicken also das Pferd von sich weg, ohne sich selbst von der Stelle zu rühren – nur mit der Kraft des Ausdrucks Ihrer eigenen Körpersprache. Das Hilfsmittel des Wellen schlagenden Seiles kann – z.B. bei Arbeit in einem Roundpen – später vollständig entfallen. Das Pferd reagiert dann nur noch auf Ihre Signale.

Seitwärts ausweichen: Blickrichtung auf den Körperteil des Pferdes, der ausweichen soll – hier die Hinterhand.

Testen Sie die Aufmerksamkeit und die Reaktionen des Pferdes auch beim Führen:
Führen Sie das Pferd im Schritt, später auch im Trab, stoppen Sie abrupt und legen selbst den Rückwärtsgang ein (ohne dabei nach hinten zu schauen). Heben Sie dabei ggfs. einen oder beide Ellbogen und wedeln ein wenig damit wie ein Huhn, welches zu fliegen versucht. Das Pferd sollte nun auch sofort rückwärts marschieren. Sie können sich auch nach Ihrem Stopp umdrehen und das Pferd frontal zum Rückwärtstreten auffordern. Funktioniert diese Übung aus Schritt und Trab auch bei sehr schnellen Bewegungen, so zeigt das Gelingen deutlich die Aufmerksamkeit, die Ihnen das Pferd entgegenbringt. Es will keines Ihrer Signale verpassen.

Das Ausweichen nach hinten gymnastiziert das Pferd und festigt Ihre ranghohe Position, denn es ist auch eine Demutsgebärde gegenüber dem Ranghöheren.
Ein späteres Rückwärtsrichten unter dem Reiter gestaltet sich mit solchen Vorübungen recht einfach. Am Boden wie im Sattel ist es wichtig, das Rückwärtsrichten mit dem richtigen Gedankenbild zu verknüpfen (sich vorzustellen, dass das Pferd schon rückwärts geht) und die eigene Energie »rückwärts zu denken« und auszurichten.

3. Seitliches Ausweichen

3.1. Nur die Hinterhand weicht aus.

Das Pferd führt dabei eine Vorhandwendung aus. Sinn der Übung ist die Kontrolle der Hinterhand des Pferdes. Mit dieser Kontrolle ist das Pferd an der Longe immer ohne Ziehkampf anzuhalten. Auch für den Richtungswechsel beim Longieren ist diese Kontrolle wichtig.
Sie stehen bei dieser Lektion seitlich vor dem Pferd, etwa in Höhe seines Kopfes, mit Blickrichtung auf seine Hinterhand. In der dem Pferd zugewandten Hand halten Sie den Strick. In der anderen das Seilende.

Die Hinterhand weicht aus – das Pferd ist jedoch nicht ganz bei der Sache und weicht nur widerwillig aus. Hier ist beharrliche »Sturheit« des Menschen angesagt, der – ohne sich ärgern zu lassen – auf seiner Forderung beharrt.

Um die Hinterhand zum Ausweichen zu veranlassen, bewegen Sie sich nun zielgerichtet und bestimmt, mit deutlichem Anheben Ihrer eigenen Beine aus der Hüfte heraus auf diese zu. Ihre Fußspitzen zeigen dabei genau auf den inneren Hinterhuf des Pferdes. Ihre Haltung ist aufrecht und straff. Unterstützen Sie Ihre Bewegung mit dem kreisende Seilende, welches Sie mit der dem Pferd abgewandten Hand schwingen und damit in Richtung Knie/Oberschenkel des Pferdes zielen. Soll die Hinterhand des Pferdes z.B. nach rechts weichen, so stehen Sie auf der linken Seite des Pferdes. Ihre rechte Schulter befindet sich schräg neben dem Kopf des Pferdes. Ihre rechte Hand hält locker den Strick, die linke schwingt das freie Seilende (links und rechts aus dem Blickwinkel des Menschen gesehen).

Bewegen Sie sich so auf die Hinterhand des Pferdes zu. Idealerweise weicht sie sofort nach rechts aus.

Nun soll bei dieser Übung nur die Hinterhand weichen, nicht das ganze Pferd. Das bedeutet, dass die Vorhand stehen bleibt, wenn Sie die richtigen Signale geben. Es ist im Prinzip eine schnelle Vorhandwendung, die da verlangt wird. Die richtige Ausführung ist über den losen Führstrick kontrollierbar. Er soll nach der gewünschten Reaktion immer noch lose sein.

Das Pferd soll Sie am Ende der Übung immer anschauen und aufmerksam auf neue Signale warten. Es soll nicht einfach irgendwohin von Ihnen wegspringen (dafür waren die ersten »Vertreibe-Übungen« da). Zeigt es Ihnen die Seite und spannt sich der Führstrick, so setzen Sie die Übung fort, so lange, bis es Sie anschaut, also nur die Hinterhand weicht.

Es ist jedoch kaum anzunehmen, dass das Pferd sofort, wie oben beschrieben, richtig reagiert. Ein Pferd ohne genug Respekt wird vielleicht gar

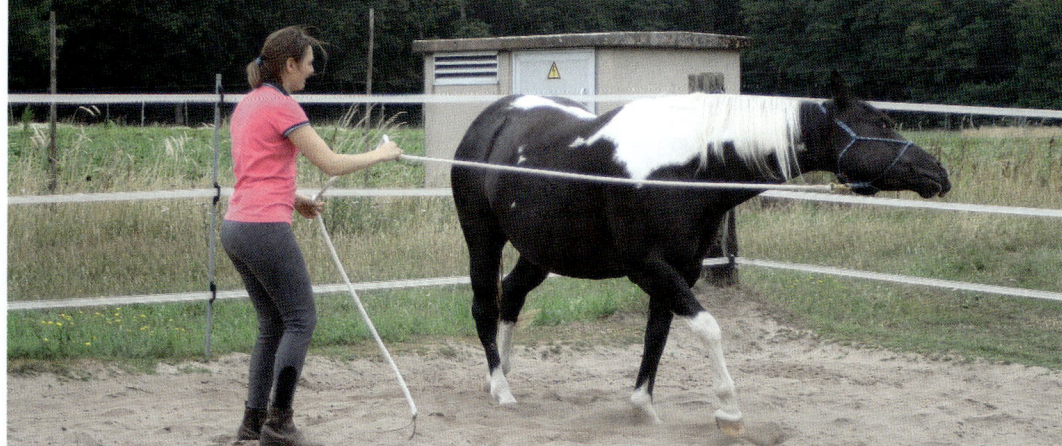

Das Pferd sagt hier deutlich: »Lass mich in Ruhe, das interessiert mich nicht.« (Lange Oberlippe und Abwenden vom Menschen). Das darf man so nicht stehen lassen. Um weiter zu arbeiten, muss man erst einmal wieder die Aufmerksamkeit des Pferdes bekommen.

nicht reagieren und den Menschen nur verwundert anschauen, was denn das nun schon wieder soll. Ein unaufmerksames Pferd wird das Signal ignorieren, weil es einfach nicht hinschaut. Ein sensibles, ängstliches Exemplar wiederum wird vielleicht einen Satz seitwärts machen, jedoch mit Vor- und Hinterhand, so dass sich das Seil vorne spannt.

Dem respektlosen Pferd werden Sie mit Ihrem Seilpropeller und deutlicher Körperstraffung auf die Sprünge helfen. Zur Not berühren Sie es mit dem Seilpropeller. Das regelmäßige Klatschen gegen die Hinterhand wird das Pferd schließlich zu einer Ausweichreaktion veranlassen. Wenn Sie Bedenken haben, dass das Pferd nach dem Seilpropeller treten könnte, dann nehmen Sie eine lange Gerte und tippen damit das Knie oder Sprunggelenk des Pferdes an (nicht fest schlagen sondern vibrierend »stören«).

Die häufigste Reaktion wird sein, dass sich das Pferd komplett von der Störungsquelle Mensch entfernen will – mit Vorhand und Hinterhand. Diese falsche Reaktion müssen Sie nun sofort erkennen und die Übung fortsetzen. Dazu brauchen Sie etwas Kondition, denn ein schnelles Nachlaufen (hinter der Hinterhand her) ist oft unerlässlich. Zu Korrekturzwecken können Sie den Strick kurzfristig vorn etwas kürzer fassen und die Vorhand des Pferdes mehrmals kurz zu sich heranziehen (keinen dauernden Zug ausüben, damit sich das Pferd vorne nicht festmachen kann). Der Seilpropeller zielt derweil weiterhin auf die Hinterhand und berührt sie bisweilen. Irgendwann werden Sie mit dieser Methode auch einem phlegmatischen Pferd eine heftige Reaktion entlocken können – eine Reaktion, wie sie auch das rangniedere Pferd in der Herde zeigen muss, will es nicht vom ranghöheren Prügel beziehen. Nervöse, hektische Pferde springen bei der Prozedur meist von Anfang an ziemlich wild in der Gegend herum. Ihnen müssen Sie immer genug Seil lassen.

Das wilde Herumzappeln ist nicht schlimm. Lassen Sie es zu, ohne sich selbst darüber aufzuregen. Die Pferde beruhigen sich sehr schnell wieder, wenn Sie souverän bleiben. Bisweilen »versteckt« sich auch ein Pferd gern hinter hektischem Getue, weil es gelernt hat, dass der Mensch dann nicht auf einer unbequemen Forderung besteht.

Das Aufregen lassen und wieder Ruhig-werden-Lassen gehört zu den Grundlagen der Angstbewältigung, die im Kapitel Vertrauensbildung noch genauer behandelt wird.

Weicht das Pferd nach einer Seite gut, so probieren Sie das Ganze auf der anderen Seite. Auch bei der Bodenarbeit zeigt sich schnell die steifere Seite des Pferdes, nach der die Hinterhand schlechter ausweicht.

Haben Sie beide Seiten völlig unter Kontrolle, so lässt Sie Ihr Pferd nicht mehr aus den Augen. Ein Prüfstein für den Erfolg dieser Lektion ist die folgende Übung:

Fixierung

Stellen Sie sich vor das Pferd: Machen Sie einen Schritt nach rechts vorne – das Pferd muss mit der Hinterhand nach links weichen. Die Vorhand bleibt stehen, jedoch dreht sich das ganze Pferd durch die Bewegung der Hinterhand um den »Drehpunkt Vorderbeine«, sodass es Sie wieder anschaut. Machen Sie daraufhin einen Schritt nach links – das Pferd weicht mit der Hinterhand nach rechts – und schaut Sie wieder an.

Diese Schritte nach rechts und links können nun in schnellerer Folge und unregelmäßig ausgeführt werden – das Pferd ist bei richtigem Lernerfolg

der Hinterhand-Ausweichlektion völlig auf Ihre Bewegungen fixiert und dementsprechend absolut aufmerksam auf Ihre Körpersignale. Es wird Sie immer im Auge behalten wollen, um kein Signal zu verpassen und schnell genug reagieren zu können, wenn Sie etwas fordern. Ihre Bewegung nach vorne – Richtung Hinterhand – kann bei schnellem Richtungswechsel und genügend entwickelter Sensibilität und Aufmerksamkeit des Pferdes entfallen, eine Seitwärtsbewegung nach rechts oder links reicht dann aus. Prinzipiell führt das Pferd bei der Fixierung eine ähnliche Bewegungsfolge aus, wie das Westernpferd beim Cutting. Jedoch wird sie anders verursacht. Das Cutting-Pferd reagiert auf die Bewegungen des Rindes, weil es das Rind unter Kontrolle halten will. Bei der Fixierung verursacht der Ausbilder die Bewegungen des Pferdes, weil er es kontrolliert. Das Cutting-Pferd kontrolliert also, und das fixierte Pferd wird kontrolliert.

Kontrolle · das Pferd sicher anhalten können

Die mit der Fixierung erlangte Aufmerksamkeit des Pferdes bedingt seine sichere Kontrolle an der Hand und an der Longe oder im Roundpen. Für die präzise (Rückwärts-)Steuerung des Pferdes in Trailhindernissen ist sie unverzichtbar.

Ist die Reaktion des Pferdes in dieser Lektion gefestigt, können Sie Ihr Pferd nun z.B. longieren und es durch einen Schritt Richtung Hinterhand aus jeder Gangart anhalten: Es dreht die Hinterhand nach außen und schaut Sie an.

Anhalten können Sie das longierte Pferd auch, indem Sie Ihre Schulter zum Pferd hereindrehen, so dass Sie frontal vor ihm stehen würden, wenn Sie auf der Außenlinie des Zirkels stünden. Dabei heben Sie noch Ihre führende Hand, um das Pferd aufmerksam zu machen. Und senken sie wieder, wenn das Pferd steht. Funktioniert das nicht, so verstärken Sie dieses Signal durch den Schritt Richtung Hinterhand.

Das funktioniert auch bei Widersetzlichkeiten des Pferdes, z.B. wenn es im Zirkel nach außen drängelt, über die Schuler weglaufen will etc. Jedoch funktioniert es nur, wenn Sie diese Ausweichmanöver des Pferdes im Ansatz erkennen und sofort eingreifen. Sie müssen also schnell genug reagieren.

Eine Sekunde zu langsam jedoch, eine Sekunde das Pferd aus den Augen gelassen, und schon kann das renitente Pferd »gewonnen« haben und Sie samt Longe über den Platz ziehen. Der Schritt Richtung Hinterhand dreht das Pferd nur dann in Ihre Richtung, wenn Sie noch die grundsätzliche Aufmerksamkeit des Pferdes haben. Ist das Pferd schon mit seinen eigenen Dingen beschäftigt, wechselt z.B. unaufgefordert die Richtung, so kommt jede Reaktion des Longierenden zu spät. Das weit verbreitete sinn- und gedankenlose Laufen-Lassen an der Longe, nur um das Pferd etwas zu bewegen und ohne ihm die gebührende Auf-

merksamkeit zu widmen, führt zu solchen Fehlern.

Wie bei allen Dingen, die mit Pferden zu tun haben, gibt es auch bei der Bodenarbeit einen direkten Bezug zwischen der Aufmerksamkeit, der Konzentration, die Sie dem Pferd widmen, und der Aufmerksamkeit, die daraufhin das Pferd bereit ist, Ihnen zu widmen.

3.2. Nur die Vorhand weicht aus

Für diese Übung brauchen Sie etwas mehr Kondition als für die des Hinterhandweichens. Ab und zu müssen Sie dabei nämlich ganz schön rennen. Prinzipiell ist diese Übung eine Hinterhandwendung, bei schnellerer Ausführung ein Spin an der Hand. Bei der schnelleren Ausführung gibt es jedoch Unterschiede in der Handhabung des Führstrickes

Noch diffiziler als beim Weichen der Hinterhand ist hier die Körperposition und vor allem der Standort des Menschen. Schon geringe Abweichungen von der Idealposition führen bei dieser

Sichere Kontrolle des Pferdes: Anhalten über das Ausweichen der Hinterhand.

Die Vorhand weicht aus (in Form einer Hinterhandwendung).

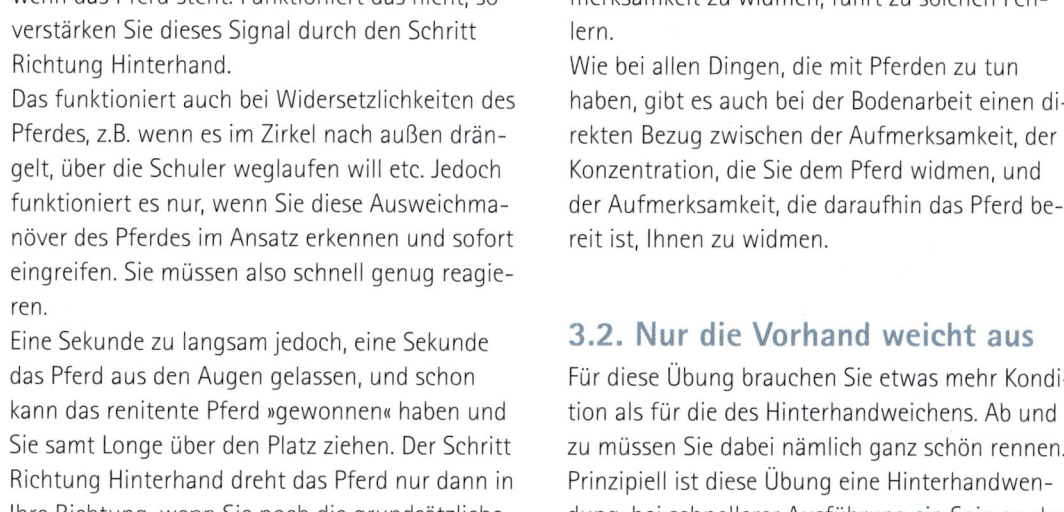

Lektion zu einer falschen (d.h. nicht beabsichtig-
ten) oder völlig fehlenden Reaktion des Pferdes.
Sie stehen in Höhe der Schulter des Pferdes mit
etwa einem Meter Abstand. Die genaue Position
können Sie über die Reaktion des Pferdes ermit-
teln. Stehen Sie zu weit vorne, biegt das Pferd
den Hals von Ihnen weg und weicht nicht oder
nur schleppend mit der Vorhand oder es weicht
sogar nach hinten aus. Stehen Sie zu weit hinten,
so weicht u.U. das ganze Pferd seitwärts aus.
Bewegen Sie sich nun schräg – etwa mit Blickrichtung auf die Mitte zwischen Kopf und Schulter des Pferdes – auf das Buggelenk des Pferdes
zu. Die Fußspitze des näher am Pferd stehenden
Beines zeigt beim Antreten auf den Ballen des
Ihnen näheren Vorderhufs. Den wieder lang
durchhängenden Strick halten Sie in der Hand,
die näher am Pferdekopf ist; mit der anderen
Hand schwingen Sie den Seilpropeller, bis das
Seilende die Schulter berührt.
Sie können auch einfach nur das Seil zwischen
beiden weit auseinander stehenden Händen
spannen, so dass sich zwischen Pferdeschulter
und Pferdekopf eine gerade Linie bildet und bewegen sich so auf das Pferd zu – auch hier müssen die Ausgangsposition und die Bewegungsrichtung präzise stimmen.

Beispiel: Das Pferd soll mit der Vorhand nach
rechts weichen. Der Ausbilder steht auf der linken
Seite des Pferdes, hält mit der linken Hand das
Seil und schwingt in der rechten Hand das Seilende.

Selbstkorrektur

Weicht nun das Pferd mit der Vorhand nach
rechts aus, so müssen Sie sofort nachsetzen, um
weiteres Ausweichen – also z.B. eine volle 360-
Grad-Drehung – zu erreichen. Je schneller das

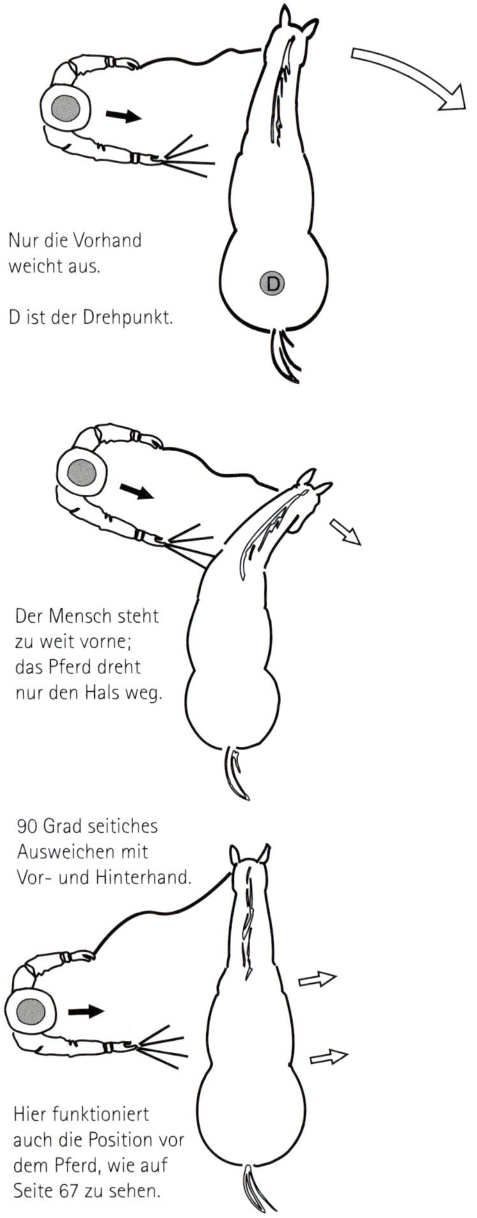

Nur die Vorhand
weicht aus.

D ist der Drehpunkt.

Der Mensch steht
zu weit vorne;
das Pferd dreht
nur den Hals weg.

90 Grad seitiches
Ausweichen mit
Vor- und Hinterhand.

Hier funktioniert
auch die Position vor
dem Pferd, wie auf
Seite 67 zu sehen.

Verschiedene Positionen für verschiedene Lektionen.

Pferd weicht, desto besser; umso schneller müssen Sie jedoch auch laufen, denn bei dieser Art des Ausweichens stehen Sie nicht in der Nähe des Drehpunktes wie beim Weichen der Hinterhand, sondern weit entfernt vom Drehpunkt Hinterhand.

Gleichzeitig mit dem Laufen im Kreis müssen Sie noch auf Ihre Haltung achten sowie Ihre Position im Verhältnis zur Pferdeschulter ständig korrigieren: Geraten Sie zu weit nach vorne, so zielen Sie nicht mehr auf die Vorderbeine, und das Pferd wird nur noch den Hals biegen und die Beine nicht mehr bewegen. Kommen Sie zu weit hinter die Schulter, so weicht das Pferd mit Vor- und Hinterhand oder es versucht, nach vorne wegzulaufen. All diese Fehler sind nur durch die Korrektur der eigenen Position zu korrigieren.

Achten Sie auch auf die Länge des Führstrickes, denn das Pferd dreht bei richtiger Reaktion Kopf und Hals von Ihnen weg in die Wendung hinein und braucht dementsprechend genug Spielraum am Strick. Der Strick darf sich nicht spannen, wenn das Pferd mit mehr Tempo ausweicht.

Vor- und Hinterhand weichen aus. Hier wieder die Arbeit mit einem ganz jungen Pferd ...

Spannt sich der Strick, ist dies ein widersprüchliches Signal: die Vorhand wegtreiben und gleichzeitig den Kopf zu sich ziehen.

Neben der Möglichkeit, Hinterhandwendungen schon mit dem ungerittenen Pferd zu trainieren, bietet diese Übung wieder eine Grundlage für die Longenarbeit oder freie Arbeit im Roundpen. Sie ist nämlich Teil des Richtungswechsels, der sich aus dem Weichen der Hinterhand, dem Hereinrufen des Pferdes, schließlich dem Weichen der Vorhand und dem darauf folgenden Wegschicken des Pferdes in die entgegengesetzte Richtung zusammensetzt (siehe auch Richtungswechsel). Im folgenden Abschnitt wollen wir uns nun mit dem reinen Seitwärtstreten, dem Schenkelweichen und dem Schulterherein beschäftigen.

3.3. Vorhand und Hinterhand weichen aus

Haben Sie die beiden vorigen Abschnitte über das Weichen der Hinterhand und der Vorhand aufmerksam gelesen, so müsste prinzipiell klar sein, wie Sie Ihr Pferd seitwärts dirigieren: Es wird weder auf die Hinterhufe noch auf die Vorderhufe »gezielt«. Ihre Bewegungsrichtung sowie auch das kreisende Seilende zielen nunmehr in die Mitte des Pferdes: Dieses weicht über seine gesamte Längsachse aus. Unterschiedliche Positionen des Menschen führen dabei zu unterschiedlichen Seitwärtsbewegungen.

Stehen Sie genau in der Mitte des Pferdes, so wird es über eine reine Seitwärtsbewegung ausweichen. Es bewegt sich also in einem Winkel von 90 Grad zu seiner eigenen Längsachse. Diese Art des Ausweichens wird derjenige vermehrt brauchen, der ein Pferd im Trail trainieren will. Eine reine Seitwärtsbewegung können Sie allerdings auch erreichen, wenn Sie mit etwas Ab-

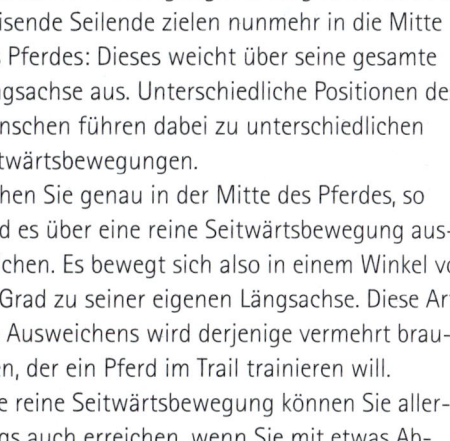

stand frontal vor dem Pferd stehen, mit der führenden Hand die Richtung anzeigen und mit dem losen Seilende in der anderen Hand die Seitwärtsbewegung einleiten. Das geht zum Beispiel sehr gut, wenn Sie das Pferd seitwärts über eine liegende Stange manövrieren wollen – mit den Vorderbeinen auf der einen Seite und den Hinterbeinen auf der anderen.

Stehen Sie etwas mehr in Richtung Schulter, wird das Pferd sich vorwärts-seitwärts von Ihnen entfernen – in einem Winkel von etwa 45 Grad. Die Vorhand weicht in diesem Fall stärker aus als die Hinterhand – das entspricht unter dem Reiter dem **Schenkelweichen**.

Auch ein **Schulterherein** können Sie bewirken. Dazu stehen Sie neben der Hinterhand des Pferdes, führen das Pferd von hinten und treiben die Hinterhand mit Ihrem eigenen Körper leicht seitwärts. Die Schulter und die Halsstellung des Pferdes kontrollieren Sie am besten, indem Sie die Schulter mit einer Gerte antippen. Damit verhindern Sie, dass das Pferd in Ihre Richtung abwendet, statt sich gebogen vorwärts-seitwärts zu bewegen.

Sie können ein Schulterherein jedoch auch erreichen, indem Sie schräg vor dem Pferd stehen, dadurch seine Bewegung nach vorne begrenzen und Vor- und Hinterhand mit der Gerte seitwärts treiben. Wichtig ist immer die genaue Position sowie ein wenig Abstand, damit das Pferd Ihre Körpersprache auch sehen kann.

Bei allen Seitwärtsbewegungen müssen Sie darauf achten, dass sich das Pferd im Hals nicht »verbiegt«. Die Längsachse des Pferdes soll nur leicht, aber gleichmäßig gebogen sein (beim Schenkelweichen muss das Pferd gar nicht gebogen sein, sondern wird nur etwas gegen die Be-

Vorwärts-seitwärts: Der Mensch läuft mit.

wegungsrichtung gestellt). Ein zu starkes Abstellen im Hals erschwert die Kontrolle der Bewegungsrichtung. Außerdem kann sich das Pferd in Schenkelweichen und Schulterherein dem Übertreten und der gleichmäßigen Längsbiegung entziehen, indem es einfach über die Schulter wegläuft. Die Korrektur des »Über-die-SchulterWeglaufens« ist durch ein Schütteln des Führstrickes möglich, welches das Pferd dazu veranlassen soll, den Hals wieder gerade zu stellen. Sie können das Pferd durch Anpieken mit der ausgestreckten Hand, durch leichtes Anticken mit dem Seilende oder einem Gertenknauf an die Kopfseite zum Wegdrehen des zu stark gebogenen Halses bewegen. Bei schon weitgehend sensibilisierten Pferden reicht nur das Deuten mit den Hilfsmitteln oder dem Finger in Richtung des Kopfes.

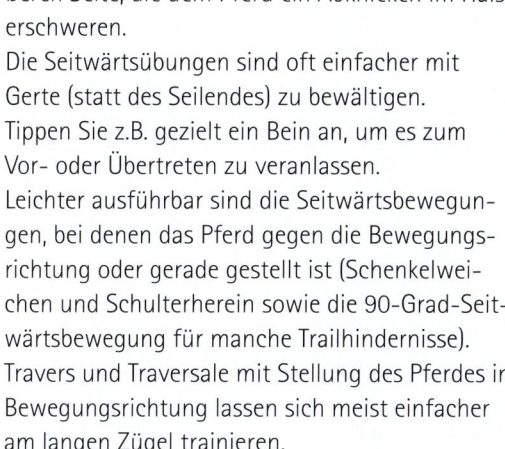

Vorwärts-seitwärts: Das Pferd bewegt sich hinten übertretend im Kreis um den Menschen herum; der Mensch bleibt auf seiner Position und arbeitet nur mit dem Seilpropeller.

Weitergehende Korrekturmöglichkeiten bietet die Arbeit am langen Zügel oder die kurzfristige Verwendung eines einzelnen Ausbinders an der äußeren Seite, die dem Pferd ein Abknicken im Hals erschweren.

Die Seitwärtsübungen sind oft einfacher mit Gerte (statt des Seilendes) zu bewältigen.

Tippen Sie z.B. gezielt ein Bein an, um es zum Vor- oder Übertreten zu veranlassen.

Leichter ausführbar sind die Seitwärtsbewegungen, bei denen das Pferd gegen die Bewegungsrichtung oder gerade gestellt ist (Schenkelweichen und Schulterherein sowie die 90-Grad-Seitwärtsbewegung für manche Trailhindernisse).

Travers und Traversale mit Stellung des Pferdes in Bewegungsrichtung lassen sich meist einfacher am langen Zügel trainieren.

Abstand halten

Mit zunehmender Sensibilisierung des Pferdes auf Ihre Körpersprache können Sie aus immer größerer Entfernung mit dem Pferd arbeiten. Besonders bei Angst erzeugenden Situationen ist die Arbeit auf Distanz erfolgreicher und sicherer als ein nahes Herangehen, ein physisches Bedrängen des Pferdes.

Für Wanderreiter wird diese Arbeit zur Bewältigung schwieriger Geländeabschnitte an der Hand besonders hilfreich sein. Ein fortgeschrittenes Einsatzfeld ist die Freiheitsdressur. Prinzipiell ist aber auch das normale Longieren Arbeiten auf Distanz.

Um das Arbeiten auf Distanz zu trainieren, können Sie folgende Übung durchführen: Schicken Sie das Pferd im Bogen um sich herum, ohne sich selbst dabei von der Stelle zu rühren.

Das Pferd im Bogen schicken

Dazu stellen Sie sich frontal vor das Pferd. Schicken Sie es mit der Wellenbewegung des Seiles rückwärts weg. Soll es im Bogen nach rechts laufen, so strecken Sie nun den rechten Arm mit dem Seil nach rechts zur Seite. Es entsteht ein seitlicher Zug auf den Pferdekopf. Das Pferd hat gelernt, dem Zug nachzugeben – es wird den Hals und die Schulter nach rechts drehen. Jetzt können Sie mit der linken Hand das Seilende in Richtung der rechten Schulter des Pferdes kreisen lassen oder mit einer Gerte in diese Richtung zeigen. Die Schulter weicht nach links (außen) aus. Jetzt zeigt uns das Pferd seine »Breitseite«. Zeigen Sie jetzt mit Seilende bzw. Gerte auf seine Mittelhand und üben mit der rechten Hand weiter leichten Zug auf das Seil aus – das Pferd setzt sich nun in einem Rechtsbogen in Bewegung. Soll es anschließend einen Linksbogen beschreiben, so holen Sie das Pferd ein paar Schritte zu sich herein, und wechseln die Hand, die das lose Seilende hält. Ihr linker Arm zeigt nun dem Pferd den Weg nach links. Die rechte Hand schwingt den Seilpropeller wieder Richtung Schulter und Mittelhand des Pferdes.

Longenarbeit

Aufbauend auf die Ausweichübungen kann die Gymnastizierung des jungen Pferdes an der Longe weitgehend ohne Hilfszügel betrieben werden. Bisweilen kann eine Peitsche oder Gerte jedoch hilfreich sein, um das Pferd immer direkt berühren zu können.

Das Pferd fühlt sich bei dieser Art der Arbeit nicht eingezwängt – es kann seine natürlichen Bewegungen frei entfalten. Dies ist ein entscheidender Vorteil zur herkömmlichen Art der Longenarbeit, die oft Spannungen hervorruft. Meist verschwinden zwar diese Spannungen mit der Zeit, jedoch geht trotzdem manchmal ein Teil der natürlichen Eleganz der Pferde verloren.

Beim Longieren im Horsemanship müssen Sie genauso wie bei der klassischen Methode darauf achten, dass das Pferd den Rücken nicht wegdrückt, sich biegt, gut untertritt und so weiter. Der entscheidende Vorteil des Longierens ohne Hilfszügel ist, dass Sie sehr viel schneller sehen, ob das Pferd wirklich spannungsfrei geht. Weil Sie es nicht mit Ausbindern oder Schlaufzügeln in eine Form pressen, können Sie Steifheiten viel leichter beurteilen. Dem »Sterngucker« wird nicht der Kopf auf die Brust gezogen – er schaut so lange in die Luft und nach außen, bis Sie seine Aufmerksamkeit erlangen.

Aufmerksamkeit an der Longe

Sie können ein Pferd an der Longe nur dann ohne Hilfsmittel dehnen und biegen, wenn Sie seine

Ungeteilte Aufmerksamkeit ist notwendig, damit die Zusammenarbeit funktioniert.

ungeteilte Aufmerksamkeit haben. Haben Sie diese, so schaut es von allein in die Zirkelmitte und wartet darauf, was das »Leittier« da drinnen von ihm will. Damit haben Sie schon einmal die richtige Stellung des Pferdes erreicht. Die Biegung folgt, wenn Sie das innere Hinterbein zum Untertreten aktivieren können. Lassen Sie das Pferd abwechselnd kleinere Zirkel (bis zur Volte) und wieder größere Zirkel gehen und treiben es – besonders während der kleinen Zirkel – ein wenig von hinten (Seilpropeller oder Peitsche hinter der Hinterhand). Schnell können Sie beobachten, dass sich das Pferd abwärts streckt, wenn es wieder auf den größeren Zirkel geschickt wird: Es entspannt sich von selbst nach der »spannenden« Arbeit auf dem kleineren Zirkel. Das ist der Effekt, den wir bei der Arbeit ohne Hilfsmittel haben wollen: das Pferd soll selber herausfinden, dass das Dehnen der Oberlinie bequem ist. Der Lerneffekt für das Pferd ist dabei sehr viel größer als alles, was es unter dem Zwang von Ausbindern oder anderen Hilfszügeln gelernt haben kann. Pferde, die es vorziehen, bei der Zirkelarbeit stur nach außen zu schauen, respektieren den Menschen oft noch nicht vollständig. Fixieren Sie ein solches Pferd durch die Ausweichübungen noch stärker auf sich. Geben Sie zudem jedes Mal, wenn es den Kopf desinteressiert nach außen wendet, einen kleinen Ruck an der Longe nach innen, so lange, bis es zu Ihnen schaut. Lassen Sie es immer nur so lange zufrieden, wie es den Kopf innen behält.

Kippt das Pferd dabei mit der inneren Schulter in die Wendung hinein oder kommt insgesamt zu weit nach innen, so richten Sie Seilpropeller oder Peitsche auf die innere Schulter und treiben diese damit nach außen.

Zieht es über die äußere Schulter nach außen weg und stellt den Hals zu weit herein, treiben Sie die Hinterhand heraus.

Wiederholen Sie die »Störmanöver« immer, wenn das Pferd die Aufmerksamkeit von Ihnen abzieht oder in die Wendung hineinkippt bzw. aus der Wendung herauszieht. Arbeiten Sie geduldig, bis das Pferd dauerhaft (anfangs reicht eine Runde) nach innen schaut. Jeder kleine Teilerfolg sollte dabei ausgiebig mit beruhigender Stimme gelobt werden. Pausen nach erwünschter Reaktion im Halten nicht vergessen!

Es kann unter Umständen ein längeres Geduldspiel sein, bis Sie die gewünschte Haltung vom Pferd bekommen. Es lohnt sich jedoch, da es ein weiterer Schritt in Richtung freiwilligem Gehorsam des Pferdes ist.

Aufmerksamkeit und Gehorsam als Grundlage für Gymnastik und Kontrolle

Kontrolle

Mit dem Halfter allein haben Sie wenig Möglichkeiten, ein Pferd in irgendeiner Form »festzuhal-

Richtungswechsel: Das Pferd folgt der Richtung weisenden Hand und hat das innere Ohr beim Menschen.

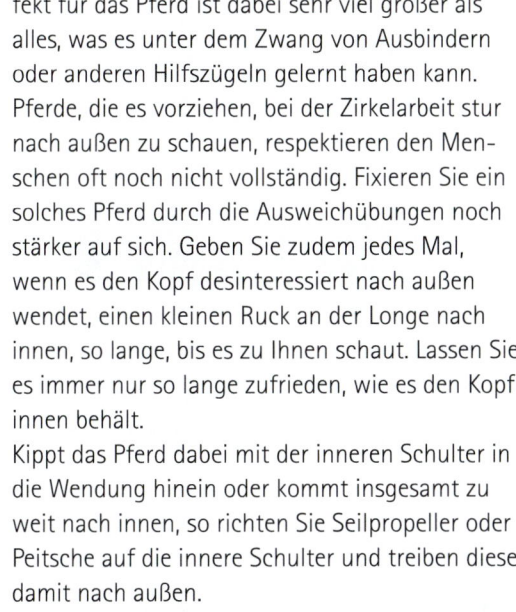

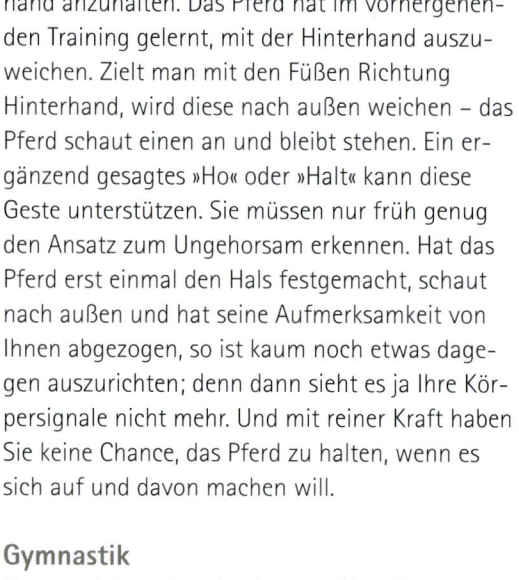

Auch das ist Horsemanship: Einige gymnastische Übungen vor dem Reiten erleichtern später die Arbeit unter dem Sattel.

hand anzuhalten. Das Pferd hat im vorhergehenden Training gelernt, mit der Hinterhand auszuweichen. Zielt man mit den Füßen Richtung Hinterhand, wird diese nach außen weichen – das Pferd schaut einen an und bleibt stehen. Ein ergänzend gesagtes »Ho« oder »Halt« kann diese Geste unterstützen. Sie müssen nur früh genug den Ansatz zum Ungehorsam erkennen. Hat das Pferd erst einmal den Hals festgemacht, schaut nach außen und hat seine Aufmerksamkeit von Ihnen abgezogen, so ist kaum noch etwas dagegen auszurichten; denn dann sieht es ja Ihre Körpersignale nicht mehr. Und mit reiner Kraft haben Sie keine Chance, das Pferd zu halten, wenn es sich auf und davon machen will.

Gymnastik

Gymnastizierend an der Longe wirken Tempo- und Gangartenwechsel, die durch verbale Kommandos eingeleitet werden können. Sie sind ohne Hilfszügel genauso auszuführen wie mit.
Grundziele der Longenarbeit sind:
Sie können das Pferd immer anhalten.
Es geht Volten und kleine Zirkel ohne Widerstand.
Es tritt aus dem Halten auf Kommando im Schritt und Trab an.
Diese Lektionen, so einfach sie auch scheinen mögen, setzen bei konsequenter Durchführung den Grundstein für widerstandsfreie Arbeit bei schwierigeren Lektionen.

Schrittarbeit

Präzise Schrittarbeit ist ein wichtiger Bestandteil der Gymanstizierung und Ausbildung des Pferdes. Denn nur ein von Grund auf widerstandsfreies Pferd wird auch bei schwereren Übungen noch aufmerksam mitarbeiten. Schrittarbeit ist durchaus nicht langweilig, wenn man sie richtig betreibt – nämlich im Hinblick auf das Ausschalten

ten«. Manche Pferde sind absolute »Künstler«, wenn es darum geht, sich der biegenden Zirkelarbeit durch Ausbrechen nach außen zu entziehen. Merken Sie einen solchen »Ausbruchsversuch« rechtzeitig, so haben Sie immer die Möglichkeit, das Pferd durch einen Schritt Richtung Hinter-

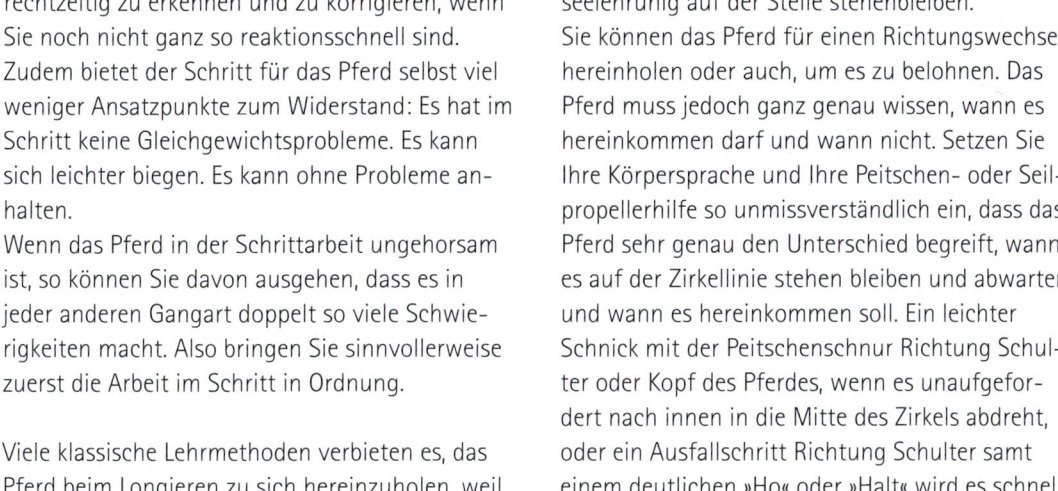

Gymnastik: engere Wendungen in korrekter Stellung in Biegung mit aktivem inneren Hinterbein.

von Restwiderständen bei problematischen Pferden. Für den Anfänger in Sachen Bodenarbeit ist sie besonders wichtig, denn das Pferd kann sich im Schritt nicht so schnell durch eine »Blitzaktion« den geforderten Lektionen entziehen. Seine Bewegungen sind langsamer – und so auch rechtzeitig zu erkennen und zu korrigieren, wenn Sie noch nicht ganz so reaktionsschnell sind. Zudem bietet der Schritt für das Pferd selbst viel weniger Ansatzpunkte zum Widerstand: Es hat im Schritt keine Gleichgewichtsprobleme. Es kann sich leichter biegen. Es kann ohne Probleme anhalten.

Wenn das Pferd in der Schrittarbeit ungehorsam ist, so können Sie davon ausgehen, dass es in jeder anderen Gangart doppelt so viele Schwierigkeiten macht. Also bringen Sie sinnvollerweise zuerst die Arbeit im Schritt in Ordnung.

Viele klassische Lehrmethoden verbieten es, das Pferd beim Longieren zu sich hereinzuholen, weil es dabei angeblich lernt, auch unaufgefordert in die Mitte zu kommen. Da das Pferd jedoch im Grundsatztraining gelernt hat, sich hereinholen, aber auch problemlos wieder wegschicken zu lassen, so können Sie das Gelernte auch ohne Weiteres an der Longe anwenden. Sie können dabei seelenruhig auf der Stelle stehenbleiben.

Sie können das Pferd für einen Richtungswechsel hereinholen oder auch, um es zu belohnen. Das Pferd muss jedoch ganz genau wissen, wann es hereinkommen darf und wann nicht. Setzen Sie Ihre Körpersprache und Ihre Peitschen- oder Seilpropellerhilfe so unmissverständlich ein, dass das Pferd sehr genau den Unterschied begreift, wann es auf der Zirkellinie stehen bleiben und abwarten und wann es hereinkommen soll. Ein leichter Schnick mit der Peitschenschnur Richtung Schulter oder Kopf des Pferdes, wenn es unaufgefordert nach innen in die Mitte des Zirkels abdreht, oder ein Ausfallschritt Richtung Schulter samt einem deutlichen »Ho« oder »Halt« wird es schnell

Galopparbeit: das innere Hinterbein muss vermehrt Last aufnehmen.

von seiner Absicht abbringen. Manchmal reicht schon das Anheben des Armes in Richtung der Schulter.

Um dem Pferd unmissverständlich klarzumachen, was Sie von ihm wollen, erziehen Sie es am besten dahingehend, dass es nur nach innen kommt, wenn Sie es durch ein paar Schritte, die Sie selbst rückwärts gehen, dazu auffordern.

Zirkel verkleinern

Wollen Sie eine Verkleinerung des Zirkeldurchmessers erreichen, leiten Sie eine Volte ein, indem Sie langsam auf die Hinterhand des Pferdes zugehen (beim Stoppen des Pferdes wäre es ein schneller, abrupter Schritt auf die Hinterhand zu) und die Longe dabei verkürzen. Die Hinterhand weicht dabei leicht nach außen aus. Das Pferd kommt dadurch mit der Vorhand von allein herein. Ein Widerstand in der Schulter, welchen viele Pferde der unangenehmen Biegung entgegensetzen, taucht dabei erst einmal nicht auf. Mit ein paar Schritten haben Sie eine beachtliche Verkleinerung des Zirkeldurchmessers erreicht, ohne dass Sie das Pferd hereinzerren mussten. Ist der Zirkel verkleinert, können Sie das innere Hinterbein mit einem kurzen Antippen unter das Pferd bringen, sodass es sich auch biegt.

Der »richtige« Galopp

Besonders junge Pferde und solche, die auf einer Seite deutliche Steifheiten zeigen, neigen dazu, an der Longe im Außengalopp oder im Kreuzgalopp anzuspringen. Abgesehen davon, dass das falsche Anspringen sofort durch Zurücknehmen in den Schritt oder Trab und neues Anspringen-Lassen korrigiert werden muss, sollten Sie die Möglichkeit nutzen, dem Pferd das Angaloppieren im Außengalopp von vornherein zu erschweren. Stellen Sie das Pferd vor dem Angaloppieren durch ein Annehmen der Longe etwas stärker nach innen und lassen es in dem Moment vorne los, in dem Sie das verbale Kommando zum Angaloppieren geben. In diesem Moment bekommt das Pferd durch das Loslassen Hals und Kopf und damit die innere Schulter frei (und höher) und kippt nicht über die innere Schulter in die Wendung hinein. Es ist die Methode, mit der die Westernreiter ihre jungen Pferde angaloppieren – mit leichter Außenstellung.

Sinnvoll ist es auch, das Pferd möglichst aus dem Schritt angaloppieren zu lassen. Es kann dann nicht in den Galopp hineinrennen, wird also nicht gleich so schnell, dass es auf der Kreisbahn des Zirkels Probleme mit der Balance bekommt. Stellen Sie sich genau vor, wie das Pferd angaloppiert: Es beginnt den Galoppsprung mit dem äußeren Hinterbein, die Diagonale inneres Hinterbein plus äußeres Vorderbein folgt, und dann das optisch führende innere Vorderbein. Dabei muss die innere Schulter hoch kommen. Das Pferd muss nach oben herausspringen und darf sich nicht mit tiefem Hals »in den Boden bohren« und auf die innere Schulter fallen. Auch

Tempo verstärken im Galopp (oben) und Trab (unten): Energie von hinten hereingeben; das Pferd soll sich hinten »setzen« und vorne hochkommen, in der Schulter frei werden.

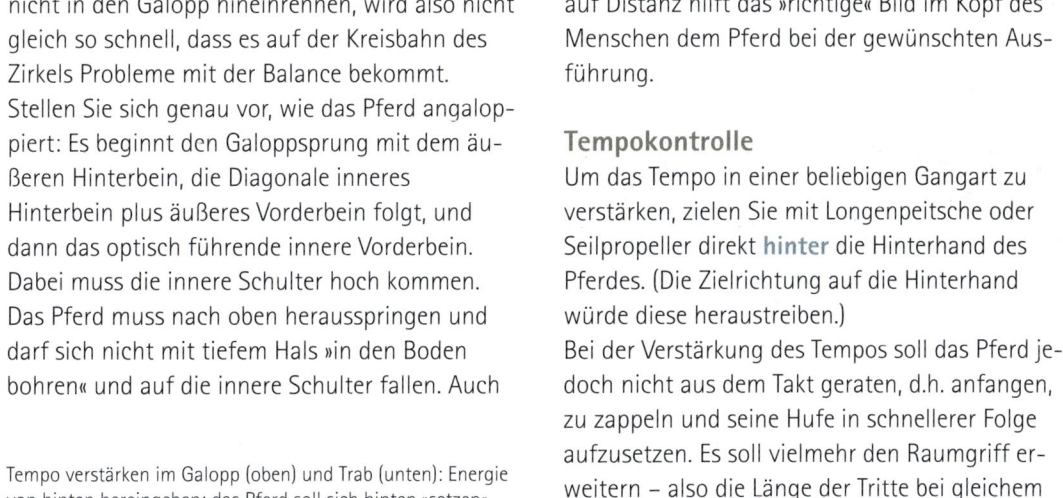

auf Distanz hilft das »richtige« Bild im Kopf des Menschen dem Pferd bei der gewünschten Ausführung.

Tempokontrolle

Um das Tempo in einer beliebigen Gangart zu verstärken, zielen Sie mit Longenpeitsche oder Seilpropeller direkt **hinter** die Hinterhand des Pferdes. (Die Zielrichtung auf die Hinterhand würde diese heraustreiben.)

Bei der Verstärkung des Tempos soll das Pferd jedoch nicht aus dem Takt geraten, d.h. anfangen, zu zappeln und seine Hufe in schnellerer Folge aufzusetzen. Es soll vielmehr den Raumgriff erweitern – also die Länge der Tritte bei gleichem Takt vergrößern. Sie dürfen deswegen das Pferd für eine Tempoverstärkung nicht mit zu starken Hilfen vorwärts »jagen«. Auch hier hilft eine präzise Vorstellung der gewünschten Bewegung im Kopf des Menschen. Das Pferd soll sich auch in der Verstärkung hinten »setzen« und vorne hochkommen, nur dann ist die Schulter frei genug für eine richtige Verstärkung. Ist das Pferd durch das Grundlagentraining sensibel auf Ihre Signale gemacht worden, wird oft schon ein Aufmuntern mit der Stimme reichen. Reagiert das Pferd schlecht auf die Aufforderung zum Verstärken des Tempos, so liegt das häufig daran, dass es sich im Rücken festhält. Sie können zur Korrektur den Zirkel verkleinern, es damit etwas stärker biegen und es schließlich wieder hinausschicken. Nach der verstärkten Biegung ist es froh, wenn es sich wieder in freierer Bewegung entspannen darf. Es wird den Rücken dehnen und von sich aus etwas zulegen.

Das gilt prinzipiell in gleicher Weise beim Reiten: Eine Tempoverstärkung wird aus der Versammlung heraus geritten. In der Versammlung spannen wir den Spannungsbogen stärker. Das Pferd

Tempo zurücknehmen: hier mit Schulterdrehung zum Pferd. Arbeitet man mit der Peitsche, kann man diese vor die Schulter des Pferdes halten.

winkelt die Hanken und wird vorne leicht. Aus dieser Position bietet das Pferd die Verstärkung mit freier Schulter von sich aus an, um aus dem anstrengenden »Kniebeugegang« entlassen zu werden. Eine richtige Verstärkung lässt man nur heraus; man kann sie nicht heraustreiben.

Um das Tempo zurückzunehmen, machen Sie einen Schritt, der auf den Platz **vor** dem Kopf des Pferdes zielt. Die Bewegung muss jedoch wohldosiert und langsam sein. Tritt man dem Pferd dabei völlig in den Weg, so verlangsamt man es nicht, sondern hält es an. Dieses Anhalten von vorne brauchen wir für das Training des Roll Backs nach außen bei der freien Arbeit im Roundpen.

Bei Pferden, die schon sensibel genug reagieren, verändern Sie Ihre eigene Position nur insoweit, dass Sie mit dem Arm, der die Longe hält, vor die Nase des Pferdes zielen können. Heben Sie dann diesen Arm, so wirkt das bremsend auf das Pferd. Eine Verstärkung dieser Armhilfe wäre es, den

Peitschenschlag vor die Nase des Pferdes zu schwingen. Dazu müssten Sie jedoch mit der Peitschenhand den Arm, der die Longe hält, überkreuzen. Da dies meist nur zu Verwicklungen der Peitschenschnur mit der Longe führt, wechseln Sie besser Longen- und Peitschenhand. Dazu führen Sie die Peitsche unter der Longe durch.

Arbeiten Sie ohne Peitsche, heben Sie den führenden Arm und drehen die führende Schulter leicht Richtung Pferd. Auch hier wird das Pferd anhalten, wenn Sie die Hilfe zu stark geben.

Die freie Arbeit im Roundpen
Richtungswechsel nach innen
Als Alternative zum »normalen Longieren« kann nun derjenige, der Lust auf mehr Bodenarbeit und auf noch feinere Abstimmung des Pferdes auf seine Körpersignale bekommen hat, im Roundpen arbeiten.
Als Hilfsmittel genügen wieder das Halfter und – anfangs – die schwere, runde Longe bzw. das Leitseil. Bei der freien Arbeit ist es wichtig, dass Sie in der Zeit, in der Sie keine Reaktion vom Pferd erwarten, völlig still in der Mitte stehen und sich nur dann bewegen, wenn Sie dem Pferd einen Befehl geben wollen. Auch hier gilt: soviel wie nötig, sowenig wie möglich. Vermeiden Sie das weitverbreitete »Mitlaufen« in einem kleinen inneren Kreis, wenn Sie nichts damit bezwecken. Jede Bewegung des Ausbilders soll für das Pferd ein Signal sein. Mit zuviel unnötiger, sinnloser Bewegung stumpfen Sie das Pferd ab. Es wird auf die »wichtigen« Bewegungen dann nicht mehr gut genug reagieren.
Vergleichbar ist dies mit dem Abstumpfen des gerittenen Pferdes auf z.B. einen dauernd klopfenden Reiterschenkel.

Longieren Sie das Pferd im Schritt und Trab. Dazu schicken Sie es erst einmal aus der Mitte im Bogen von sich weg. Der führende Arm zeigt dem Pferd die Richtung, die andere Hand kann das freie Longenende propellern lassen, um dem Befehl Nachdruck zu verleihen.

Das Pferd trabt nun beispielsweise rechts herum im Roundpen. Wollen Sie es anhalten, so machen Sie einen Schritt schräg nach links auf die Hinterhand zu. Sitzt die Vorübung des Hinterhandweichens, so wird es auch auf die weitere Distanz mit der Hinterhand nach außen weichen und in der Folge den Ausbilder anschauen.

Oder Sie stoppen Ihr Pferd, indem Sie ihm in den Weg treten (siehe oben). Dabei zielen Sie mit Ihrer Bewegung vor seine Vorhand. Besonders für Übungen, bei denen das Pferd nach außen drehen soll (Roll Back) ist dies angebracht. Aber auch der Richtungswechsel nach innen kann so eingeleitet werden, wenn Ihnen das leichter fällt.

Nun können Sie es die Richtung wechseln lassen: Holen Sie das Pferd ein Stück zu sich herein, indem Sie Zug mit dem Seil ausüben und ein paar Schritte rückwärts gehen.

Arbeiten Sie statt mit dem Seilende mit Peitsche oder Gerte, so müssen diese nach hinten zeigen, wenn Sie das Pferd hereinrufen. Sie klemmen sie sich am besten unter den Arm. Nun wechseln Sie die Longenhand und zeigen dem Pferd mit dem ausgestreckten linken Arm die neue Richtung, üben evtl. einen leichten Zug in diese Richtung aus. In dem Moment, in dem das Pferd sich ansatzweise in die angegebene Richtung dreht, können Sie mit der rechten Hand (plus Gerte oder Seilpropeller) auf die linke Schulter des Pferdes zielen. Es wird dann im Linksbogen um Sie herumlaufen. Dann zielen Sie auf die Mitte des Pferdes, damit es sich noch weiter nach außen entfernt und wieder auf die äußere Kreisbahn kommt. Das Pferd hat jetzt die Richtung gewechselt. Mit zunehmender Routine und Übung kann dies im Trab und schließlich auch im Galopp in einer einzigen flüssigen Bewegung geschehen. Sie können mit dem Richtungswechsel sogar die fliegenden Galoppwechsel am Boden trainieren.

Um den Richtungswechsel flüssiger zu machen, holen Sie das Pferd später nicht mehr direkt zu

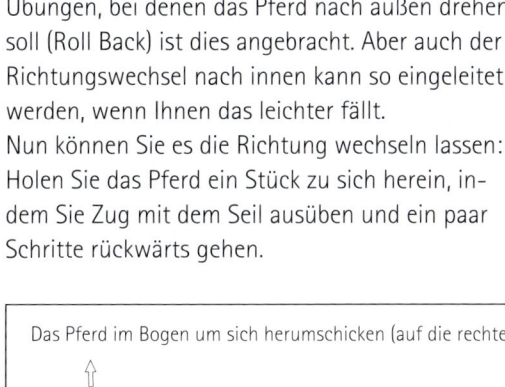
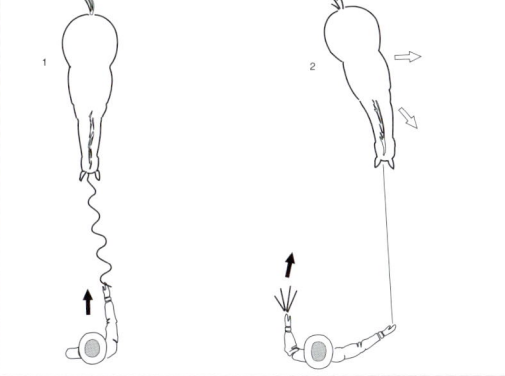

Das Pferd im Bogen um sich herumschicken (auf die rechte Hand), ohne sich selbst von der Stelle zu bewegen.

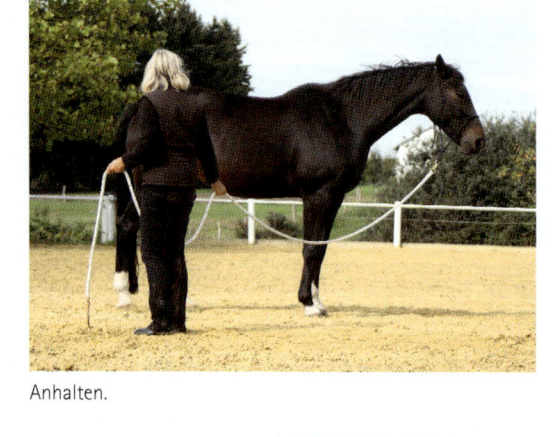

Anhalten.

Vorhand hereinholen bzw. Hinterhand heraustreiben.

Richtungswechsel nach innen von links nach rechts.

sich heran, nachdem die Hinterhand ausgewichen ist, sondern treten etwas aus der Zirkelmitte zur Seite und lassen das Pferd mit ausgestrecktem Arm seitlich an sich vorbeilaufen. Damit bekommen Sie schnelleren und besseren Zugriff auf die Schulter und Vorhand des Pferdes, die ja beim Richtungswechsel in die neue Richtung und nach außen getrieben wird.

Haben Sie das Gefühl, das Pferd reagiert auf die eigenen Körpersignale sicher und willig, so sollte das relativ bald bei richtigem Einsatz des eigenen Körpers auch ohne Longe/Seil funktionieren, und der Grundstein für die freie Arbeit ist gelegt. Alle Ausweichübungen bis hin zum Schulterherein können dann auch ohne Führstrick absolviert werden.

Es gibt auch Ausbildungsmethoden, bei denen die freie Arbeit im Roundpen ohne direkte Verbindung zum Pferd durch Longe oder Strick allem anderen vorausgeht. Vor allem bei Pferden, die mehr oder weniger wild – ohne Menschenkontakt – aufgewachsen sind, sind solche Methoden zu empfehlen. Für die Arbeit mit dem hierzulande »normal« aufgewachsenen Pferd braucht man sie nicht, es sei denn, das Pferd ist so verdorben, dass es nach Ihnen tritt und beißt, wenn Sie nur in seine Nähe kommen.

Angstbewältigung: Aussacken und andere Strategien

Eine Art der Angstüberwindung ist das Aussacken, mit dem die Westernreiter ihre Pferde an »gefährliche« Dinge und an laute Geräusche gewöhnen, sie praktisch abhärten.

Beim Aussacken lassen Sie dem Pferd die Freiheit, im Bereich des langen Strickes oder der Longe

(oder auch frei im Roundpen – siehe dort) weg-
zuspringen, wenn es mit einer Plastiktüte, einem
Sack oder Ähnlichem berührt wird. Binden Sie das
Pferd jedoch unter keinen Umständen dabei fest
irgendwo an.

Um die Reichweite des eigenen Armes zu verlän-
gern, können Sie Tüten, Decken oder Luftballons
auch an einem Stock befestigen und das Pferd
damit berühren. Oder sie rollen Gymnastik-Bälle
oder andere Gegenstände ohne scharfe Kanten
auf das Pferd zu.

Es wird eine Weile mit allen Anzeichen des Schre-
ckens (Alarmhaltung) hin und her springen und
das »Spiel« mit der Zeit satt bekommen, wenn es
merkt, dass auch das knisternde Plastik oder der
klappernde Sack ihm nichts tun.

In ähnlicher Form können Sie das Pferd an Peit-
sche, Gerte oder die Berührung von Seilen an den
Hinterbeinen gewöhnen (für die Arbeit mit der
Doppellonge ist dies von Bedeutung).

Bleiben Sie bei solchen Übungen immer souverän
und ruhig – auch wenn das Pferd noch so hektisch um Sie herumkreiselt – so vertraut Ihnen
das Pferd danach umso mehr.

Feinabstimmung und Vertrauensaufbau: Übungen an Trailhindernissen

Zentimeterarbeit im Trail

Durch das Training an verschiedenen Trailhindernissen erreichen Sie eine Feinabstimmung in Ihrer
Zusammenarbeit mit dem Pferd. Nicht nur für
künftige Trailreiter sind solche Übungen sinnvoll,
sondern für jeden, der eine bessere Koordination
für sich selbst und für sein Pferd anstrebt. Zudem
helfen viele knifflige oder enge Hindernisse bei
der Angstbewältigung.

Angstbewältigung: Dieses Pferd hat die Angst vor der
raschelnden Plane schon überwunden.

Durch immer wieder neue Varianten von Hindernissen erhalten Sie das Interesse des Pferdes an
der Arbeit und sichern sich seine Aufmerksamkeit.
Mit der Arbeit an Hindernissen erspart sich der
künftige Trailreiter einige Mühe, denn er muss

Metamorphose: vom Verfolgten zum Verfolger. Nachdem die Angst überwunden ist, kann mit der Plane gespielt werden.

viele am Boden vom Pferd begriffene Übungen nur noch »nachreiten«. Nach der Bodenarbeit hat sie das Pferd schon verstanden - weiß seine Hufe vorsichtig und gezielt zu positionieren und gerät nicht mehr so leicht aus der Fassung, wenn es doch einmal »Stangensalat« produziert oder irgendwo hängenbleibt.

Hilfsmittel, Hindernisse, Abstand

Manchmal kann es nötig sein, zusätzlich mit einer kurzen Peitsche oder langen Gerte zu arbeiten. Prinzipiell sollten aber die meisten Übungen weitgehend durch den Einsatz des eigenen Körpers (Position und Gestik) gesteuert werden können. Es gilt wie überall beim Reiten und beim Umgang mit Pferden das Gebot der Minimierung von Signalen und Hilfsmitteln.

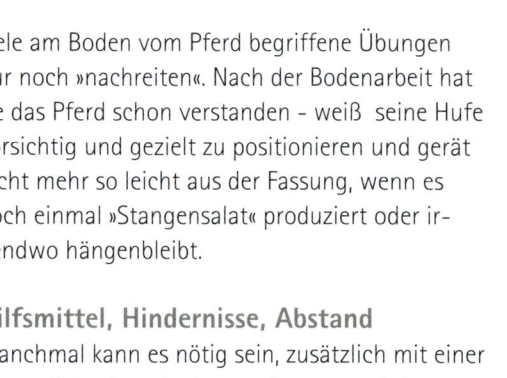

Unaufmerksam: Solange das Pferd nicht in Ihre Richtung schaut, können Sie nichts mit ihm anfangen.

Die Trailübungen sind auch ein gutes Betätigungsfeld für eine Arbeit ohne Führstrick. Hat das Pferd die Übungen begriffen, so können Sie versuchen, es nur mit dem Einsatz der eigenen Körpersprache durch Hindernisse zu dirigieren – ohne Halfter und ohne Führstrick. Eine eindrucks- volle Vorstellung der freiwilligen Zusammenarbeit von Mensch und Pferd. Arbeiten Sie in den Trailhindernissen möglichst auf Distanz. Nur dann haben Sie selbst genug Bewegungsspielraum für überdeutliche (ausladende) Körpersignale, wenn sie anfangs nötig sein sollten. Und Sie sind sicherer vor möglicherweise heftigen Reaktionen des Pferdes.

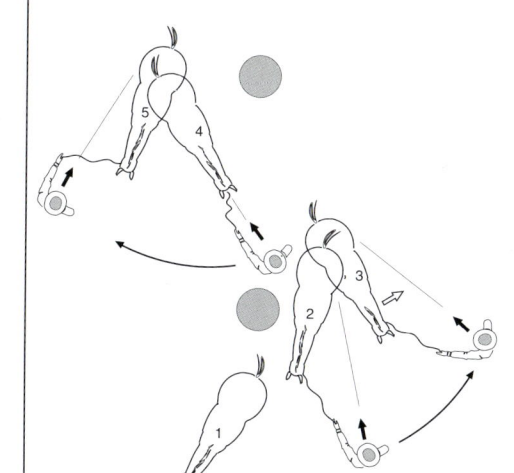

Rückwärts durch eine gerade Stangengasse.

Positionsbestimmung:
Rückwärts durch ein
Zickzackhindernis aus drei Pylonen.

Der beste Abstand zwischen Ihnen und dem Pferd für die folgenden Übungen beträgt etwa 1–1,5 m. Situationsbedingt muss er jedoch kurzfristig variiert werden.

Rückwärts durch eine gerade Stangengasse

Unser Pferd hat gelernt, sich von uns rückwärts wegschicken zu lassen, und es hat gelernt, aufmerksam unsere Bewegungen zu verfolgen. Durch unsere eigene Position geben wir ihm die Richtung an. Stehen wir rechts von seiner Längsachse, wird es mit der Hinterhand nach links ausweichen – stehen wir links davon, wird es nach rechts ausweichen. Denn es ist bestrebt, uns immer frontal anzuschauen, es will unsere Signale immer im Auge haben, wenn unser Grundlagentraining erfolgreich war.

Mit diesen Voraussetzungen ist es ein Leichtes, das Pferd rückwärts in die Stangengasse »einzufädeln« und es dort geradezuhalten.
Später können Sie das Pferd gewollt schräg rückwärts an die Öffnung heranführen und erst kurz vorher ausrichten.

Rückwärts im Zick-Zack

Diese Übung ist schon etwas schwieriger, denn sie impliziert dauernden Richtungswechsel. Sie können jedoch dem Pferd am Anfang viel Platz für den Richtungswechsel lassen, wenn Sie die Abstände zwischen den Pylonen sehr groß machen. Später verkleinern Sie sie und fordern damit ein genaueres Manövrieren.

Positionsbestimmung

Die jeweils richtige Position von Pferd und Ausbilder können Sie am besten anhand der Abbildung oben studieren. Das Pferd richtet sich mit seiner

Längsachse frontal zum Ausbilder aus (siehe Fixierung im Dominanztraining). Die nötige eigene Position bestimmen Sie dementsprechend, indem Sie sich an einen Punkt bewegen, der auf der gedachten neuen Richtungsgeraden und etwa 1,5–2 m vom Pferdekopf entfernt liegt. Das klingt fürchterlich kompliziert. Nach den ersten Versuchen werden Sie sich jedoch bewegen, ohne groß darüber nachzudenken. Ihre Bewegungsrichtung stimmt immer dann, wenn das Pferd in gewünschter Weise reagiert. So einfach ist das. Reagiert es nicht, gibt es drei Hauptgründe:

1. Das Grundlagenstraining ist nur halbherzig durchgeführt worden (das Pferd ist also unaufmerksam und glotzt in der Gegend herum).
2. Ihre Körpersprache ist nicht deutlich genug.
3. Ihre Position und Bewegungsrichtung in Beziehung zum Pferd stimmen nicht.

Rückwärts durch das Stangen-L

Diese Übung ist eigentlich nur eine Variante des Zickzackhindernisses.

Die Schwierigkeit liegt darin, dass ein sehr zielgenaues Manöver in der rechtwinkligen Richtungsänderung erforderlich ist. Das Pferd darf nicht zu schnell werden. Viele Pferde wollen möglichst schnell aus dem Hindernis wieder raus, denn sie sehen ja nicht, wohin sie laufen und stoßen ab und zu mit den Hufen an die Stange. Vermeiden Sie ein Hindurchrennen des Pferdes, indem Sie sich entsprechend langsam bewegen und immer wieder stehen bleiben. Ihre Positionsänderung wird dadurch zu einer langsamen Zentimeterarbeit. Sie wird jedoch mit zunehmender Übung weitgehend intuitiv erfolgen, wenn Sie die Reaktionen des Pferdes dabei nicht aus den Augen lassen.

Viele Menschen machen anfangs (wie die Pferde) den Fehler, sich schnell und hektisch zu bewegen

oben: Hinlegen lassen.
unten: Rückwärts durch eine L-Form; Positionswechsel vor der Ecke.

– mit dem unbewussten Gedanken, möglichst rasch das komplizierte Hindernis hinter sich zu haben. Auslöser ist oft ein Wunsch nach Perfektion, auch wenn es sich nur um Übungen handelt. Befreien Sie sich von dem Wunsch nach sofortigem, perfektem Gelingen einer Übung. Es braucht nur ein wenig Selbstbewusstsein, um eventuelle Zuschauer bei missglückten Übungen ignorieren zu können. Dem Pferd sind Fehler in diesem Bereich egal, solange Sie es nicht für einen Fehler bestrafen, den Sie selbst gemacht haben – durch eine falsche Position oder missverständliche Kör-

Seitwärts über einen Stange.

Von hinten führen über Stangen.

persprache. Und nur um das Pferd geht es. Nur das Pferd muss verstehen, was Sie wollen – nicht der, der am Rande der Reitbahn steht und vielleicht lacht.

Immer, wenn das Pferd tatsächlich nicht aufgrund falscher Körpersprache schlecht reagiert, sondern unaufmerksam in der Landschaft herumguckt, setzen Sie ein verbales Kommando, das kreisende Seilende oder die wedelnde Gerte ein, um es wieder aufmerksam zu machen. Haben Sie erst einmal etwas Erfahrung mit den Trailübun-

gen gesammelt, so werden Sie erstaunt sein, wie einfach das eigentlich funktioniert.

Seitwärts über eine Stange

Dazu müssen Sie meist etwas näher an das Pferd herangehen. Stellen Sie sich neben das Pferd – hinter die Schulter. Den genauen Punkt, der dazu führt, dass das Pferd im 90-Grad-Winkel ausweicht – weder stärker mit der Hinterhand noch stärker mit der Vorhand – müssen Sie durch Ausprobieren herausfinden. Haben Sie Ihre Position gefunden, so setzen Sie sich in Richtung des

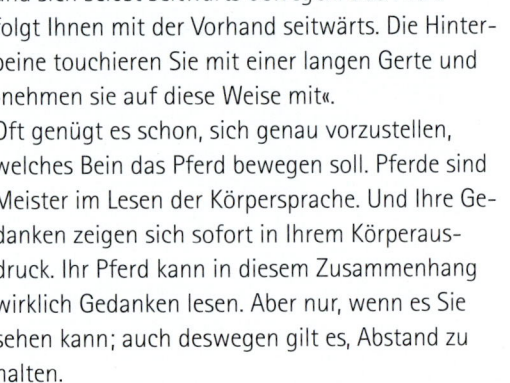

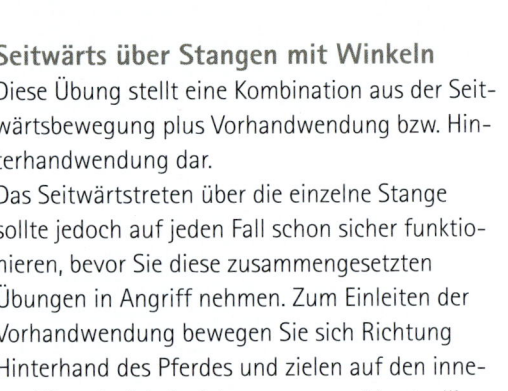

Seitwärts über Winkelhindernisse mit Vor-
und Hinterhandwendungen.

und sich selbst seitwärts bewegen. Das Pferd
folgt Ihnen mit der Vorhand seitwärts. Die Hinterbeine touchieren Sie mit einer langen Gerte und
»nehmen sie auf diese Weise mit«.
Oft genügt es schon, sich genau vorzustellen,
welches Bein das Pferd bewegen soll. Pferde sind
Meister im Lesen der Körpersprache. Und Ihre Gedanken zeigen sich sofort in Ihrem Körperaus-
druck. Ihr Pferd kann in diesem Zusammenhang
wirklich Gedanken lesen. Aber nur, wenn es Sie
sehen kann; auch deswegen gilt es, Abstand zu
halten.

Seitwärts über Stangen mit Winkeln
Diese Übung stellt eine Kombination aus der Seit-
wärtsbewegung plus Vorhandwendung bzw. Hinterhandwendung dar.
Das Seitwärtstreten über die einzelne Stange
sollte jedoch auf jeden Fall schon sicher funktionieren, bevor Sie diese zusammengesetzten
Übungen in Angriff nehmen. Zum Einleiten der
Vorhandwendung bewegen Sie sich Richtung
Hinterhand des Pferdes und zielen auf den inneren Hinterhuf, jedoch langsamer und kontrollier-
ter als beim Ausweichtraining. Zum Einleiten der
Hinterhandwendung bewegen Sie sich Richtung
Schulter. Dabei müssen Sie darauf achten, dass
sich das Pferd nicht zu Ihnen hin biegt. Es sollte
in der Längsachse weitgehend gerade bleiben.
Biegt es den Hals zu sehr, so können Sie den
Führstrick ein wenig schütteln und die Hand mit
diesem in Richtung der Wendung führen. Auch
ein leichtes Antippen mit dem Gertenknauf (nicht
mit der Spitze) am oberen Hals oder den Backen
des Pferdes kann helfen

Sichere Kontrolle – Hindernissalat
Hat sich das Pferd eine Weile mit recht übersicht-
lichen Hindernissen auseinandergesetzt und ab-

Pferdes in Bewegung. Ihre Bewegung soll lang-
sam und kontrolliert sein. Auch das kreisende Sei-
lende muss vorsichtig eingesetzt werden.
Manchmal kann es nötig sein, dass Sie dem Pferd
noch einen kleinen Anstoß geben, der ihm signa-
lisiert, dass es nun seitlich ausweichen soll – in
Form eines Schüttelns des Führstrickes unter dem
Kinn oder/ und eines verbalen Kommandos, wie
»Auf« oder «Komm« etc.
Läuft Ihnen das Pferd nach vorne weg, können
Sie auch anfangs eine Variante des Seitwärtstre-
tens trainieren, bei der Sie vor dem Pferd stehen

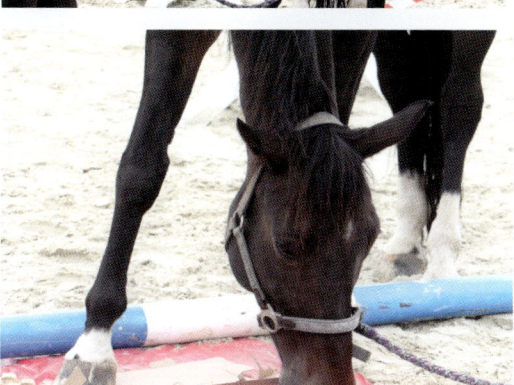

Pferde sind von Natur aus neugierig. Das kann man sowohl für die Angstbewältigung als auch für Trailhindernisse nutzen.

Pferde fühlen sich durch das verwirrende Puzzle am Boden in ihrer freien Bewegung gehindert und reagieren mit Angst und Hektik – sie wollen das Hindernis möglichst schnell wieder verlassen. Haben sie nicht genug Respekt vor Ihnen, werden sie auch versuchen, an Ihnen vorbeizudrängeln. Lassen Sie das nicht zu. Rechnen Sie mit Schwierigkeiten in unübersichtlichen Hindernissen, so können Sie diese in der Mitte »entschärfen«, d.h. offener machen.

Haben Sie das Pferd ein paar Mal hindurchgeführt, so beginnen Sie mit der Kontrolle der Bewegung. Lassen Sie das Pferd z.B. mit dem Vorderhuf abfußen, indem Sie es auffordern, Ihnen zu folgen, und blockieren Sie sofort wieder die Bewegung, indem Sie abrupt stehen bleiben. Das Pferd muss sich nun ein freies Fleckchen suchen, wo es den Fuß hinsetzen kann. Je enger der Stangensalat liegt, desto mehr muss es überlegen und hinschauen. Steht es wieder auf allen vier Beinen, so setzen Sie die Übung fort – einen Schritt vorwärts und sofort wieder stehenbleiben. Manchmal ist es sinnvoll, wenn Sie sich dabei rückwärts bewegen, um die Reaktionen Ihres Pferdes immer im Auge zu haben. Später schicken Sie das Pferd im Bogen durch das Hindernis und bleiben selbst außerhalb stehen. Auch dann noch können Sie es mit verbalen Kommandos und durch eine Wellenbewegung des Strickes mitten in der Bewegung anhalten.

solviert sie ruhig und aufmerksam, so können Sie es etwas stärker fordern. Bauen Sie sich z.B. ein Gewirr aus Stangen, Luftballons, alten Autoreifen, Strohballen etc. (Sie können alles verwenden, was halbwegs ungefährlich ist, sollte das Pferd doch einmal wild in dem Gewirr herumspringen.) Führen Sie das Pferd hindurch, anfangs mit der einfachsten Methode = Ausbilder vor dem Pferd. In der Mitte lassen Sie es anhalten – es soll ruhig, mit tiefer Nase und ohne Aufregung stehen. Viele

Sinn der Übung ist, bald jede Bewegung des Pferdes kontrollieren zu können, auch wenn ihm eine Situation nicht geheuer ist – eine ungemein vertrauensbildende Maßnahme. Für ein künftiges Trailpferd ist dies eine hervorragende Lektion, bei der es lernt, Ihre Hilfen abzuwarten und nicht einfach das beängstigende Hindernis so schnell wie möglich hinter sich zu bringen.

Plastikplanen, Decken, bunte Bälle, alles, was dem Pferd Angst einjagen könnte, kann man für die Gestaltung solcher Übungen verwenden. In den geführten GHP-Prüfungen kann man seine Arbeit dann auch unter Turnierbedingungen testen, wenn man will.

Geländehindernisse

Schließlich können Sie mit Ihrem Pferd auch an echten oder simulierten Geländeschwierigkeiten (Nachbauten auf dem Reitplatz) trainieren.

Mehr oder weniger steile Abhänge, Wasser, Brücken, Natur-Hindernisse, Auf- und Absprünge, wie das Billard, Wälle und ihre Abarten oder »Löcher«, in die das Pferd hineinspringen soll, gehören dazu. Dabei ist es wichtig, dass Sie das Pferd gezielt – auch im Bogen – von sich wegschicken und jederzeit anhalten können, wie im Grundlagentraining beschrieben.

In Fällen dieses Hindernistrainings ist es »gesünder«, sich nicht vor dem Pferd zu befinden; die Gefahr, dass es doch einmal irgendwo wegdreht, ausrutscht oder sonstwie unkontrolliert abspringt, ist recht groß. Bleiben Sie also aus der »Gefahrenzone« heraus, wenn es irgendwie möglich ist.

Vertrauensbeweise

Besonders Stufen rückwärts und unsicherer Grund, den Sie z.B. mit einer Wippe simulieren können, stellen erhöhte Anforderungen an das Pferd. Es muss sich darauf verlassen, dass Sie es nicht ins Verderben schicken. Dazu gehört ein enormes Vertrauen. Wie sehr das Pferd Ihnen vertrauen muss, können Sie einmal am eigenen Leibe ausprobieren, wenn Sie sich von einem Helfer rückwärts dirigieren lassen. Beim Tanzen kommt eine solche Situation häufig vor – die geführte Frau weiß oft nicht, wohin sie tritt und muss sich darauf verlassen, dass hinter ihr auch Platz ist.

Stellen Sie immer wieder neue Anforderungen an Ihr Pferd. Damit wird es immer selbstbewusster.

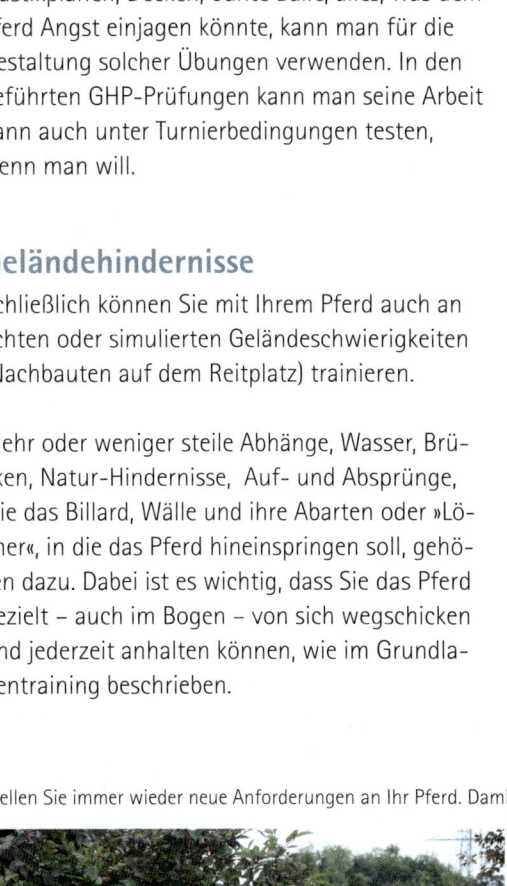

Noch interessanter wird das Experiment, wenn Sie sich statt auf dem glatten Parkett in unebenem Gelände bewegen (siehe auch Führen+Folgen Übungen ohne Pferd).

Wenn Sie das Pferd einen flachen Hügel ohne irgendwelche Stufen oder besondere Unebenheiten rückwärts hinaufschicken wollen, wird das wenig Probleme bereiten, denn es verliert nie den Grund unter den Hinterhufen.

Das Hinunterschicken kann mehr Probleme verursachen. Beginnen Sie mit einem nicht allzu steilen Hügel, auf dessen Kuppe Sie und Ihr Pferd voreinander stehen können. Schicken Sie nun das Pferd mit dem Wellenschlag rückwärts von sich weg oder bewegen sich aufs Pferd zu. Es wird zögern, wenn es mit dem Hinterhuf ins Leere tritt, und versuchen, sich wieder nach vorne zu bewegen. Unterbinden Sie nur die Vorwärtsbewegung und forcieren die Rückwärtsbewegung nicht. Das Pferd braucht Zeit, um seine Unsicherheit zu überwinden, und wird schließlich langsam mit dem Hinterhuf tasten, wo es wieder Grund findet, und ihn probeweise dort abstellen – meist, noch ohne viel Gewicht darauf zu verlagern. Lassen Sie es einen Moment stehen und das Geschehene verarbeiten. Sieht es ruhig und zufrieden aus, fordern Sie weitere Schritte, bis das Pferd unten ist. Später können Sie die Prozedur an steileren Hügeln wiederholen.

Stufen rückwärts

Richtig schwierig wird es, wenn sich auf einem Abhang kleine Stufen befinden. Wollen Sie das Pferd eine Stufe rückwärts hinauf schicken, so beginnen Sie mit einer ganz niedrigen (14–18 cm). Auf keinen Fall darf sie scharfkantig sein, denn das Pferd kann sich mit dem Fesselgelenk daran stoßen. Es weiß ja nicht, wie hoch die Stufe ist,

muss also probieren, wie hoch es das Hinterbein anheben muss, um den von Ihnen geforderten Tritt nach hinten machen zu können.

Anfangs verwirren Sie Ihr Pferd mit dieser Übung. Es stößt mit dem Huf dauernd gegen ein Hindernis – muss also denken, es geht nach hinten nicht weiter. Es wird Ihre Forderung in Frage stellen. Nun dürfen Sie auf keinen Fall die Übung abbrechen, denn das bedeutet, dass Sie einen Teil Ihrer »Glaubwürdigkeit« dem Pferd gegenüber verlieren. Das Pferd hat Ihre Forderung für undurchführbar gehalten und nach seiner »Meinung« gehandelt. Es wird dies daraufhin später noch öfter tun. Setzen Sie Ihre Versuche, das Pferd zu einem Schritt die Stufe hoch zu bewegen, geduldig fort, wird es irgendwann den Huf hoch genug heben, um oben Platz zu finden. Es hat nun gemerkt, dass Ihre Forderung nicht undurchführbar ist. Denken Sie nun nicht, der Rest müsse ganz schnell gehen. Geben Sie dem Pferd weiterhin die Möglichkeit, sich langsam heranzutasten. Bedrängen Sie es nicht, indem Sie ihm zu nahe rücken. Eine gute Vorübung ist es, das Pferd rückwärts über eine quer auf dem Boden liegende Hindernisstange zu schicken. Auch hier spürt es ein Hindernis für die geforderte Bewegung. Es befindet sich im Konflikt zwischen dem, was das Leittier, der Ausbilder, von ihm will, und dem, was es selbst für möglich hält. Da es sich den Forderungen des Leittiers nicht widersetzen kann, muss es sich etwas einfallen lassen, wie es den Konflikt lösen kann. Der Ausweg ist das höhere Anheben des Hinterbeines. Das Aha-Erlebnis des Pferdes ist – vermenschlicht ausgedrückt – etwa Folgendes: »Auch, wenn ich die Forderung für undurchführbar halte, so gibt es einen Weg, sie auszuführen«. So erreichen Sie unbedingtes Vertrauen.

Als Vorübung zu den Stufen können Sie das Pferd rückwärts über eine Stange treten lassen.

Noch schlimmer ist der Schritt rückwärts eine Stufe hinunter. Das Pferd tritt ins Leere und weiß nicht, wie tief. Es ist nur selten eine Erleichterung, wenn Sie das Pferd die gleiche Stufe, die es später rückwärts hinuntergehen soll, erst einmal hinaufführen. Bleiben Sie immer geduldig, wenn das Pferd zögern sollte; lassen Sie ihm genug Zeit und bedrängen Sie es nicht durch zu dichtes Herangehen.

Das Training an Abhängen und anderen natürlichen Gegebenheiten kann sich sehr hilfreich erweisen, wenn Sie Ihr Pferd an der Hand an Bäche oder Wassergräben gewöhnen wollen.
Sie können das Pferd hineinschicken, ohne selbst nasse Füße zu bekommen.
Bevor Sie es jedoch ins Wasser schicken, müssen Sie Tiefe und die Bodenbeschaffenheit des Gewässers kennen. Es dient nicht dem Vertrauen des Pferdes, wenn es zwei Schritte ins Wasser macht und sofort den Boden unter den Füßen verliert.

Engpässe, unsicherer Grund – Hängertraining, Brücken und Wippen

Verladetraining ist im Prinzip nichts anderes als ein Training an »Engpässen«. Viele Pferde haben Angst vor Engstellen, weil ihre Fluchtmöglichkeiten eingeschränkt sind. Vorbereitend kann man ein solches Engpasstraining an anderen Hindernissen durchführen. Man kann das Pferd zum Beispiel durch Gassen führen oder schicken, die rechts und links mit Decken verhängt sind, später auch mit Flatterbändern. Auch zwischen sich selbst und einer Wand kann man einen Engpass erzeugen.
Sie brauchen keine Helfer, die oft mehr Verwirrung und Unruhe stiften, als wirklich bei einem Verladeproblem zu helfen. Sie brauchen jedoch

am Anfang Zeit – und zwar unbegrenzt. Das heißt auf jeden Fall: Verladen Sie nicht mit dem Ziel, danach mit Pferd im Hänger wegzufahren, sondern anfangs mehrmals nur zu Trainingszwecken.

Zur Vorbereitung erzeugen Sie zwischen sich selbst und der geschlossenen Hängerklappe einen Engpass, durch den Sie das Pferd longieren (siehe spätere Übungen). Dann öffnen Sie die Hängerklappe und lassen das Pferd quer darüber laufen

Training an einfachen Engpässen; später kann man die Engpässe »gefährlicher« machen: z.B. höher und mit Flatterbändern oder Decken behängen.

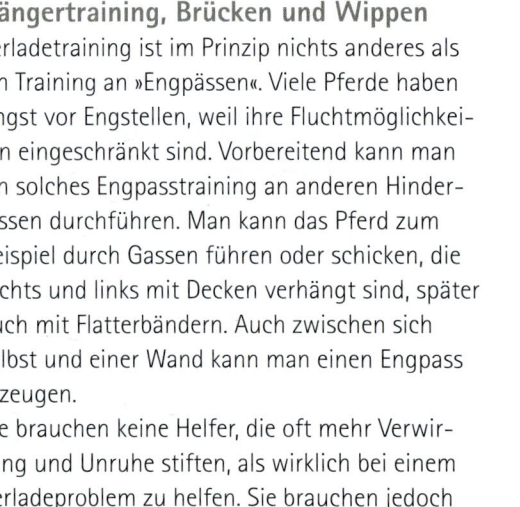

immer nötigenfalls mit dem kreisenden Seilende als Nachdruck.

Läuft das Pferd ohne Widerstand über die geöffnete Klappe, so ändern Sie Ihren Standort und stellen sich neben den geöffneten Hänger. Lassen Sie das Pferd weiterhin im Kreis um sich herumlaufen, sodass es schließlich frontal vor dem geöffneten Hänger steht. Hier wird es zuerst einmal versuchen auszuweichen oder stehen bleiben.

Lassen Sie es frontal vor dem Hänger stehen und verhindern Sie auf jeden Fall durch Störaktionen, dass es die Aufmerksamkeit vom Hänger wegnimmt und in der Gegend herum schaut.

Es wird schließlich erste zaghafte Ansätze zeigen, in den Hänger hineinzugehen. Am Anfang vielleicht nur mit einem Vorderbein, bevor es wieder einen Rückzieher macht. Haben Sie Geduld und belohnen jeden einzelnen Schritt in die richtige Richtung mit In-Ruhe-Lassen und Lob mit der Stimme. Stören Sie das Pferd immer dann, wenn es die Aufmerksamkeit wegnehmen will oder rückwärts zieht. Auch, wenn schon das ganze Pferd mit allen vier Beinen im Hänger steht, sollten Sie es nicht sofort darin einsperren, indem Sie

die Klappe schließen. Vielmehr soll – und wird – es ein paar Mal wieder herauskommen; am Anfang meist schnell und hektisch, später ruhiger. Lassen Sie ihm die Möglichkeit, sich ungehindert wieder aus der engen »Höhle« zu entfernen. Dies ist sehr wichtig, denn damit lassen Sie dem Pferd einen Ausweg. Es hat Fluchtmöglichkeiten.

Sie können es auch selbst wieder aus dem Hänger herausholen und erneut hineinschicken. Wichtig ist, dass sich das Pferd nicht eingesperrt fühlt. Nachdem das Pferd einige Male in den Hänger hinein- und herausgewandert ist, bemerkt es, dass der Hänger der einzige Ort ist, an dem es seine Ruhe hat. Es wird freiwillig darin bleiben - auch ohne geschlossene Klappe.

Zusätzlich können Sie gerne etwas Futter im Hänger deponieren oder sogar eine Futterspur hineinlegen. Was jedoch meist nicht funktioniert, ist, das Pferd mit dem Futtereimer in den Hänger hineinzulocken. Ein aufgeregtes, hektisches Pferd oder auch eines, was einfach nicht will, nimmt das Futter meist nicht an.

Nun lassen Sie das Pferd einige Zeit in Ruhe im Hänger »nachdenken« und das Geschehen verar-

Auch eine Form von Engpass, die koordinierte Bewegungen und Aufmerksamkeit vom Pferd verlangt.

beiten – unangebunden und mit der Möglichkeit, diesen zu verlassen, wann es will.

Diese »Freiheit« ist wichtig. Sie nimmt ihm jeden Rest von Angst vor dem Hängerinneren. Es ist für das Pferd ein Ort der Erholung, weil man es dort zufrieden lässt, also belohnt.

Zu diesem Zeitpunkt sollten Sie das Pferd nicht fahren, sondern das freiwillige Hineingehen durch einige Übungsstündchen an den folgenden Tagen festigen. Nach diesen Übungen werden Sie nie wieder einen Helfer zum Verladen des Pferdes brauchen – Sie können es immer allein in den Hänger schicken.

Die ganze Prozedur wird nicht ohne hektisches Herumzappeln des Pferdes abgehen. Wer Angst um die Beine des Pferdes hat, sollte sie mit Gamaschen schützen.

Wer sich diese Methode nicht zutraut, weil er vielleicht Angst hat, das Pferd nicht halten zu können, kann eine Führkette am Halfter statt des reinen Halfters verwenden. Er kann sich jedoch auch einen Helfer nehmen, der die Funktion des Störers mit dem kreisenden Seilende von schräg hinten übernimmt. Dieser darf jedoch nichts anderes tun, als das Pferd mit dem Seilende zu berühren – nie fest schlagen oder die Geduld verlieren.

Diese Methode mit einem Helfer empfiehlt sich für Leute, die noch etwas Schwierigkeiten mit der ruhigen Koordination der ursprünglichen Verfahrensweise haben. Sie brauchen sich dann nur aufs Pferd zu konzentrieren.

Sie können allerdings auch auf die altbewährte Methode zurückgreifen, dass Ihnen das Pferd in den Hänger nachlaufen soll. Die Gefahr, dass es Sie überrennt, wenn es in den Hänger »hineinschießt«, besteht nur dann, wenn andere es von hinten bedrängen. Arbeiten Sie jedoch allein,

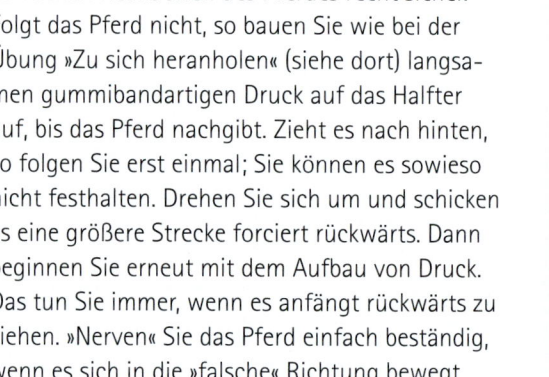

Auch der Hänger ist nur ein Engpass.

dann brauchen Sie zwar viel Zeit, sind aber vor panischen Reaktionen des Pferdes recht sicher. Folgt das Pferd nicht, so bauen Sie wie bei der Übung »Zu sich heranholen« (siehe dort) langsamen gummibandartigen Druck auf das Halfter auf, bis das Pferd nachgibt. Zieht es nach hinten, so folgen Sie erst einmal; Sie können es sowieso nicht festhalten. Drehen Sie sich um und schicken es eine größere Strecke forciert rückwärts. Dann beginnen Sie erneut mit dem Aufbau von Druck. Das tun Sie immer, wenn es anfängt rückwärts zu ziehen. »Nerven« Sie das Pferd einfach beständig, wenn es sich in die »falsche« Richtung bewegt. Setzt es einen Fuß auf die Klappe, so lassen Sie es sofort zufrieden und loben es. Lassen Sie es eine Weile stehen und versuchen dann, es einen weiteren Schritt in den Hänger hinein zu bekommen. Zieht es wieder zurück, folgen Sie, richten aktiv rückwärts... Wie ein Jojo bewegen Sie sich nun vor und zurück, vor und zurück, bis das Pferd alle vier Beine im Hänger hat.

Auf die gleiche Weise kann man auch Engstellen, Brücken und »unsicheren Grund«, wie z.B. Wippen trainieren. Dieses »Fixieren der Aufmerksamkeit« des Pferdes auf die »richtige« Richtung funktioniert allerdings nur, wenn auch der Mensch seine

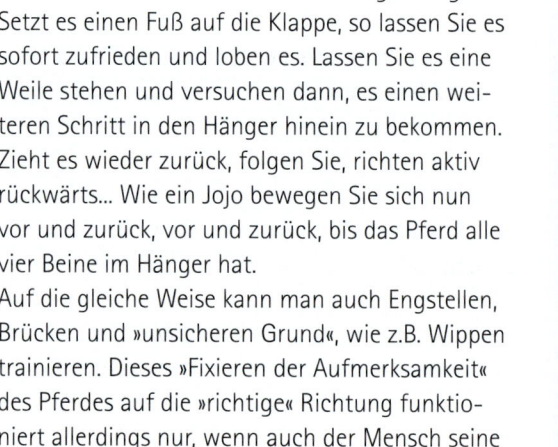

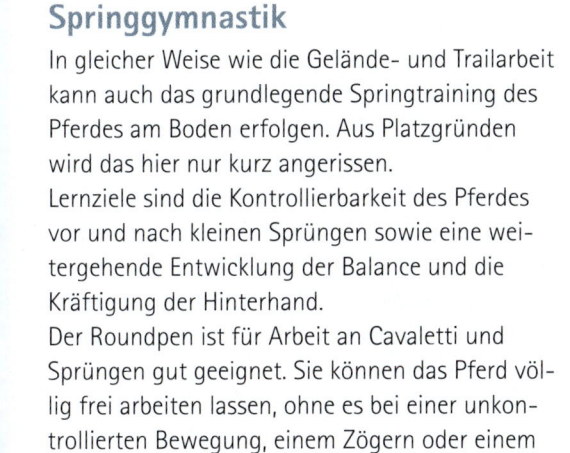
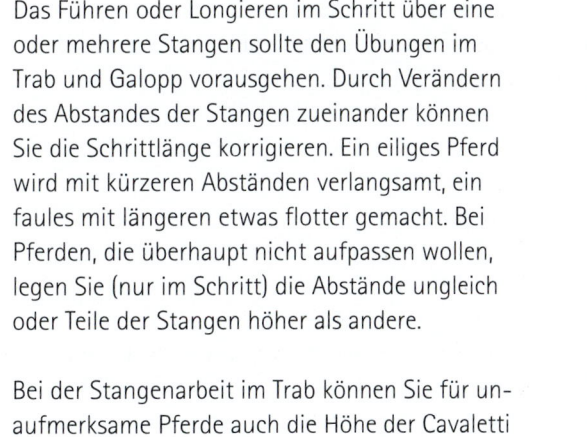

Dass ein Pferd abspringt statt gesittet über die Rampe zu laufen, kann schon mal passieren. Sorgen Sie dafür, dass das Hängerinnere der einzige Ort ist, an dem das Pferd »seine Ruhe« hat.

Aufmerksamkeit keine Sekunde von der Aufgabe abzieht.

Eine Wippe können Sie anfangs feststellen, so dass sie nicht kippt und sie später erst einmal nur leicht kippen lassen. Hat das Pferd erst einmal gemerkt, dass es ungefährlich ist, wenn sich der Boden bewegt, macht es ihm meist viel Spaß, durch minimales Vor- und Zurücktreten oder sogar nur durch Vor- und Zurückverlagern des Halses hin und her zu wippen.

Cavalettiarbeit und Springgymnastik

In gleicher Weise wie die Gelände- und Trailarbeit kann auch das grundlegende Springtraining des Pferdes am Boden erfolgen. Aus Platzgründen wird das hier nur kurz angerissen.

Lernziele sind die Kontrollierbarkeit des Pferdes vor und nach kleinen Sprüngen sowie eine weitergehende Entwicklung der Balance und die Kräftigung der Hinterhand.

Der Roundpen ist für Arbeit an Cavaletti und Sprüngen gut geeignet. Sie können das Pferd völlig frei arbeiten lassen, ohne es bei einer unkontrollierten Bewegung, einem Zögern oder einem

erschreckten Hopser mit einem unbeabsichtigten Ruck auf der Nase zu stören. Es handelt weitgehend eigenverantwortlich. Sie sollten jedoch grundsätzlich die freie Arbeit im Roundpen schon geübt haben, bevor Sie sich mit den Hindernissen befassen. Sie müssen das Pferd auch ohne Longe anhalten, hereinholen und herausschicken können. Richtung, Gangarten und Tempo müssen kontrollierbar sein. Haben Sie keinen Roundpen zur Verfügung, so können Sie sich mit einem Zirkel aus Strohballen oder E-Zaun oder abgespannten Ecken in einem quadratischen Platz behelfen. Oder Sie arbeiten mit der Longe.

Das Führen oder Longieren im Schritt über eine oder mehrere Stangen sollte den Übungen im Trab und Galopp vorausgehen. Durch Verändern des Abstandes der Stangen zueinander können Sie die Schrittlänge korrigieren. Ein eiliges Pferd wird mit kürzeren Abständen verlangsamt, ein faules mit längeren etwas flotter gemacht. Bei Pferden, die überhaupt nicht aufpassen wollen, legen Sie (nur im Schritt) die Abstände ungleich oder Teile der Stangen höher als andere.

Bei der Stangenarbeit im Trab können Sie für unaufmerksame Pferde auch die Höhe der Cavaletti variieren und manche höher als andere legen. Das erhält die Aufmerksamkeit des Pferdes. Die Abstände zueinander sollten jedoch nicht ungleich sein, denn Taktfehler im Trab und Verspannungen aufgrund von gestörtem Bewegungsfluss sind die Folge.

Ist das Pferd in Schritt und Trab hinsichtlich Tempo und Takt gut kontrollierbar, beginnen Sie mit der Galopparbeit. Die Abstände zwischen den Cavaletti sollen dem mittleren Galoppsprung des betreffenden Pferdes entsprechen.

Beginnen Sie mit einer flachliegenden Stange, über die das Pferd ruhig und ohne den Takt zu verändern galoppieren sollte. Erhöhen Sie langsam die Stangenzahl bis auf vier. Das Pferd muss dabei immer ruhig und im Takt bleiben. Schließlich können Sie z.B. das letzte Cavaletti höher legen, sodass es kraftvoller abspringen muss.

Um die Aufmerksamkeit zu erhöhen, kann auch einmal die zweite oder die erste Stange höher als die anderen sein – aber erst, wenn das Pferd genug ausbalanciert ist, um solche »Unebenheiten« auszugleichen.

Höhere Sprünge sollten im Roundpen nicht trainiert werden.

Ist das Pferd gut ausbalanciert, halten Sie es nach einer Cavallettireihe im Trab oder Galopp an (entweder durch einen Schritt Richtung Hinterhand oder ein Blockieren der Vorwärtsbewegung durch ein Bremsen) und fordern z.B. einen Richtungswechsel. Stimmliche Kommandos sind als Ergänzung immer zu empfehlen.

Die Winkelung der Hinterhand (Hankenbeugung) beim Absprung ist selbst bei kleinen »Hüpfern« ganz beachtlich. Das baldige Anhalten nach der Dehnung des Rückens über Sprüngen gymnastiziert zudem ungemein.

Kleine Hopser gehen auch an der Hand.

Wenn Sie Lust haben, stellen Sie sich verschiedene Parcours zusammen, die Trailhindernisse, kleine Sprünge und Gehorsamsübungen enthalten, und absolvieren diese an der Hand.

Simulation der Arbeit unter dem Sattel – Führen von hinten

Doppellonge und langer Zügel

Arbeit an der Doppellonge, Arbeit am langen Zügel und das Fahren vom Boden unterscheiden sich nur durch die Position des Menschen in Beziehung zum Pferd. Bei der Doppellongenarbeit bleiben Sie in der Mitte des Zirkels stehen, beim Fahren vom Boden und bei der Arbeit am langen Zügel laufen Sie hinter oder neben dem Pferd mit.

Bei der Arbeit am langen Zügel simulieren Sie die Arbeit des Reiters. Sie wirken ohne Gewicht ein, geben jedoch die Zügelhilfen als wenn Sie im Sattel säßen. Doppellonge und langer Zügel werden deswegen nach den klassischen Richtlinien oft in die Trense eingeschnallt. Es ist jedoch auch möglich, statt mit der Trense mit einem Sidepull oder auch mit einem leichten Kappzaum zu arbeiten.

Der Rückentrainer – Doppellonge light. Das Pferd zeigt hier eine ideale Haltung.

Besonders, wenn man sich seiner ruhigen Hand nicht völlig sicher ist, schont man bei der gebisslosen Arbeit das Maul des Pferdes.

Arbeit am langen Zügel ist die klassische Version des »Führens von hinten« (wie in Kapitel Herdenverhalten ausgeführt) mit dem zusätzlichen Nutzen der feinen Dosierbarkeit der Zügelhilfen. Durch die langen Wege zwischen der Hand des Ausbilders und dem Kopf bzw. Maul des Pferdes ist jedoch die Arbeit nicht unproblematisch und erfordert viel Gespür für die Intensität eines Zügel-Signals. Die Handhabung der manchmal zusätzlich verwendeten Gerte oder Peitsche ist schwieriger als beim einfachen Longieren. Ihr Einsatz muss aus dem Handgelenk erfolgen und darf keine Auswirkungen auf das Maul des Pferdes haben. Hin und wieder wird es auch nötig sein, beide Zügel in eine Hand zu nehmen, um eine ausgreifendere Peitschenhilfe geben zu können. Eine einhändige Zügelführung oder auch die Zügelhaltung nach Achenbach aus dem Fahrsport kann hilfreich sein, wenn viel mit Gertenhilfen gearbeitet werden soll. Die Gerte oder kurze Fahrpeitsche zeigt dabei unbenutzt jeweils schräg nach vorne-oben.

Longe oder langer Zügel laufen durch die Ringe eines Longiergurtes (Alternativ z.B. durch die Bügel bei einem Westernsattel). Je nach Ausbildungsstand des Pferdes werden sie höher oder tiefer durchgezogen.

Die Berührung der Longe an den Hinterbeinen wird man manchem Pferd erst schonend beibringen müssen. Ein Helfer kann es dafür bei den ersten Versuchen festhalten. Ein Pferd, welches sich mit der Gerte am ganzen Körper berühren lässt und das Aussacken hinter sich hat, sollte jedoch auch bei der Longe keine Schwierigkeiten machen.

Die Arbeit mit der Doppellonge kann bei bestimmten Problemen helfen, besonders, wenn kein Roundpen zur Verfügung steht. Neigt ein Pferd z.B. zum Ausfallen mit der Hinterhand, biegt sich also – besonders in engeren Wendungen – schlecht, so kann die zweite Longe die äußere Schulter des Pferdes kontrollieren und zudem die Hinterhand außen begrenzen. Überhaupt können Wendungen mit dem langen Zügel und der Doppellonge sehr differenziert und kontrolliert ausgeführt werden. Auch ein Rückwärtsrichten auf Distanz können Sie mit der Doppellonge einfacher bewerkstelligen, da Sie die Längsachse des Pferdes besser kontrollieren können.

Der Rückentrainer

Eine »Doppellonge light« steht mit dem so genannten Rückentrainer zur Verfügung. Ähnlich einem Fahrgeschirr begrenzt dieser die äußere Seite und der Mensch muss sich nur mit einer Longe befassen. Aber auch dieses recht praktische Hilfsmittel ist nicht dazu gedacht, das Pferd zusammenzuschnüren. Es bietet nur einen »Rahmen« für die Bewegung.

Kerstin Diacont

widmet sich seit über 25 Jahren der ganzheitlichen Ausbildung von Pferd und Reiter. Sie nutzt dabei Know-how aus verschiedenen Reitweisen, aus anderen Sportarten, aus der Körper- und Energiearbeit sowie aus dem mentalen Training. In vielen Büchern und in der dreiteiligen Videoserie »Einfach reiten lernen« stellt sie ihr Konzept für ein harmonisches Miteinander von Mensch und Pferd vor. Grundidee ist dabei die Vorstellung von Mensch und Pferd als ein geschlossenes System in Bewegung, das vom Menschen gesteuert und vom Pferd mit Energie versorgt wird. Gleichgewicht, Losgelassenheit, Bewegungsfreiheit und Stabilität sind dabei die Schlüsselbegriffe für das gesamte System.

Zentrale Elemente ihres Ausbildungskonzeptes sind präzise Körpersprache und der ausbalancierte und stabile Sitz des Reiters, ohne den dieser nicht deutlich mit dem Pferd kommunizieren kann. Diese Elemente sind nicht an ein bestimmtes Ausbildungssystem gebunden und funktionieren sowohl für den Isländer als auch für den Lusitano, fürs Westernpferd und fürs Dressurpferd.

Zur Vorbereitung aufs Gerittenwerden, zur Beziehungsklärung und Verbesserung der Kommunikation zwischen Mensch und Pferd sowie als Alternative zur Arbeit unter dem Sattel, wenn das Pferd – aus welchen Gründen auch immer – gerade nicht geritten werden soll, wendet sie die Techniken des Horsemanship an, deren Grundsätze in diesem Buch veranschaulicht werden.

Unsere Erfolgsreihen auf einen Blick

Die Reitschule *(Auswahl)*

Heinrich Bergmann-Scholvien, **Arbeit an der Doppellonge**, ISBN 978-3-275-01805-5

Urte Biallas, **Bodenarbeit**, ISBN 978-3-275-01708-9

Urte Biallas, **Bodenarbeitskurs**, ISBN 978-3-275-02053-9

Kerstin Diacont, **Dressur für Fortgeschrittene**, ISBN 978-3-275-01749-2

Monika Hannawacker, **Zirkuslektionen**, ISBN 978-3-275-01831-4

Angelika Schmelzer, **Pferde erziehen**, ISBN 978-3-275-01709-6

Angelika Schmelzer, **Reiten im Gelände**, ISBN 978-3-275-01748-5

Britta Schön, **Mein erster Turnierstart**, ISBN 978-3-275-01777-5

Sabine Schweickert, **Fahren für Einsteiger**, ISBN 978-3-275-01803-1

Viviane Theby, **So lernen Pferde**, ISBN 978-3-275-01804-8

Sigrid Weppelmann/Sandra Mensmann, **Longieren**, ISBN 978-3-275-01727-0

Sigrid Weppelmann, **Basispass Pferdekunde**, ISBN 978-3-275-01750-8

Inga Wolframm, **7 Schritte zum angstfreien Reiten**, ISBN 978-3-275-02054-6

Die Hundeschule *(Auswahl)*

Annegret Bangert, **Begleithundprüfung**, ISBN 978-3-275-01779-9

Ann-Sophie Griebel, **Clicker-Training**, ISBN 978-3-275-01714-0

Micaela Köppel, **Spiel und Spaß für jeden Tag**, ISBN 978-3-275-01732-4

Petra Krivy/Angelika Lanzerath, **Darf der das?**, ISBN 978-3-275-01835-2

Petra Krivy/Ann-Sophie Griebel, **Ein Hund aus zweiter Hand**, ISBN 978-3-275-01780-5

Petra Krivy/Angelika Lanzerath, **Was ein Welpe lernen muss**, ISBN 978-3-275-01689-1

Petra Krivy/Angelika Lanzerath, **Hunde verstehen**, ISBN 978-3-275-01756-0

Petra Krivy/Angelika Lanzerath, **Einfach gut erzogen**, ISBN 978-3-275-01731-7

Petra Krivy/Angelika Lanzerath, **Mein Hund im Flegelalter**, ISBN 978-3-275-01810-9

Petra Krivy/Angelika Lanzerath, **Alte Hunde**, ISBN 978-3-275-02036-2

Uta Reichenbach/Tanja Sinner, **Agility**, ISBN 978-3-275-01660-0

Monika Schaal/Ursula Daugschieß-Thumm, **Lockere Leine**, ISBN 978-3-275-01621-1

Julia Schuster/Jochen Schleicher, **Dog Frisbee**, ISBN 978-3-275-01755-3

Beate Schwarz, **Dummy-Training**, ISBN 978-3-275-01690-7

Manuela van Schewick, **Apportieren mit Spaß**, ISBN 978-3-275-01754-6

happy cats

Nina Ernst, **Zufriedene Stubentiger**, ISBN 978-3-275-01760-7

Gabriele Müller, **Miau – Katzensprache richtig deuten**, ISBN 978-3-275-01782-9

Gabriele Müller, **Katzenspiele**, ISBN 978-3-275-01811-6

Annette Thomée, **Gesunde Katze**, ISBN 978-3-275-01839-0

Dayana Winkler, **Katzen-Tricks mit Clicker**, ISBN 978-3-275-01999-1

Jedes Buch mit 96 Seiten,
ca. 80 Abb., broschiert,
je € 9,95/(A) 10,30